# 浙江海洋经济发展与海洋环境法治

汪　丹　蔡先凤　著



浙江工商大学出版社
ZHEJIANG GONGSHANG UNIVERSITY PRESS

**图书在版编目(CIP)数据**

浙江海洋经济发展与海洋环境法治 / 汪丹，蔡先凤著.
—杭州：浙江工商大学出版社，2016.1(2017.3 重印)
(法治浙江丛书)
ISBN 978-7-5178-1457-3

Ⅰ. ①浙… Ⅱ. ①汪… ②蔡… Ⅲ. ①海洋经济—经济发展—研究报告—浙江省②海洋环境保护法—研究—中国 Ⅳ. ①P74②D922.684

中国版本图书馆 CIP 数据核字(2015)第 306098 号

**浙江海洋经济发展与海洋环境法治**
汪 丹 蔡先凤 著

---

**出 品 人** 鲍观明
**责任编辑** 张婷婷
**封面设计** 许寅华
**责任印制** 包建辉
**出版发行** 浙江工商大学出版社
(杭州市教工路 198 号 邮政编码 310012)
(E-mail:zjgsupress@163.com)
(网址:http://www.zjgsupress.com)
电话:0571-88904980,88831806(传真)
**排 版** 杭州朝曦图文设计有限公司
**印 刷** 虎彩印艺股份有限公司
**开 本** 880mm×1230mm 1/32
**印 张** 5.375
**字 数** 144 千
**版 印 次** 2016 年 1 月第 1 版 2017 年 3 月第 2 次印刷
**书 号** ISBN 978-7-5178-1457-3
**定 价** 28.00 元

---



浙江工商大学出版社营销部邮购电话 0571-88904970

# 《“法治浙江”丛书》编委会

# 序　言

党的十八届四中全会通过的《关于全面推进依法治国若干问题的决定》明确提出全面推进依法治国的总目标，即建设中国特色社会主义法治体系，建设社会主义法治国家。习近平总书记指出："提出这个总目标，既明确了全面推进依法治国的性质和方向，又突出了全面推进依法治国的工作重点和总抓手。"法治成为政府治理、国家治理、社会治理的根本手段，同时法治又是人类共同追求的崇高理想目标。

中外历史经验表明，在国家法治建设的进程中，难免会遭遇种种困难，理论的争锋、观念的冲突、旧制度的阻挡，以及利益的再分配，都会使法治建设的推进不是一条坦途大道。推行法治者不但需要义无反顾的壮烈情怀，还需要一往无前的探索勇气。

苏力教授在《法治及其本土资源》一书中说："真正能得到有效贯彻执行的法律恰恰是那些与通行的习惯、惯例相一致或相近的规定。"确实，实现法治的基本要求便是法律的有效执行，要使其融入民众的生活，就必须充分利用本土资源。这便是说，法治之路离不开地方性的探索与实践。

浙江是改革开放的先行者和排头兵，是中国经济社会发展最具有活力的省份之一，而且在法治建设方面浙江也一直敢立潮头，勇于实践。

2003 年 8 月起，在时任省委书记习近平的推动下，浙江省实行领导干部下访制度，变群众上访为领导下访，成为"法治浙江"建设的重要载体。2005 年，省委十一届九次全会，通过《中共浙江省委关于制定浙江省国民经济和社会发展第十一个五年规划的建议》，明确提出要"以推进'法治浙江'建设为载体，努力建设民主健全、法治完备、公共权力运行规范、公民权利切实保障的法治社会”。2006年，省委十一届十次全体（扩大）会议，又审议通过《中共浙江省委关于建设“法治浙江”的决定》。会议指出，省委提出并推进“法治浙江”建设，是根据中央的决策部署，对浙江现代化建设总体布局的进一步完善。2014年12月4日，省委十三届六次全会通过了《关于全面深化法治浙江建设的决定》，浙江进入了法治建设的快车道。

自习近平同志在浙江省提出“法治建设”决策近10年来，全省各地、各部门扎实推进“法治浙江”建设，依法执政水平明显提高，科学立法、严格执法、公正司法、全民守法等各方面均取得显著成效，走出了一条经济发达地区法治先行先试的新路子。今天，站在新的历史起点上，面对新的形势任务，浙江人民在浙江省委的领导下，乘势而上，浙江省委就全面深化“法治浙江”建设做出新的部署，明确了“路线图”，确定了“时间表”，全面推进“法治浙江”建设正向纵深发展。

宁波大学法学院的老师们受浙江省社会科学界联合会的委托，着手撰写“‘法治浙江’丛书”，旨在探寻“法治浙江”建设的曲折历程，展示“法治浙江”建设的丰富内容，揭示“法治浙江”建设的基本规律，总结“法治浙江”建设的成功经验与发展障碍，谋划“法治浙江”建设的新思路、新方案、新路径。

经过近一年酝酿策划、调研讨论和分工撰写，代表这一研究成果的十一个课题成果以丛书形式呈献给读者。相信这套丛书的出版，能让全国乃至世界了解“法治浙江”建设成果，同时也希望能够引起浙江乃至全国法学界、法律界人士总结“法治浙江”的经验，思考“法治浙江”的未来趋势，与我们一起共同把这一个课题做得更好、更深。

是为序。

沈满洪

2015年11月5日

注：作者为宁波大学校长

# 目　录

# 第一章　浙江海洋强省战略

21世纪是人类全面认识、开发利用和保护海洋的新世纪。1994年11月16日生效的《联合国海洋公约》，标志着现代国际海洋法律制度的建立，为全球海洋资源与环境的可持续发展奠定了国际法律基础，同时也表明国际海洋权分配进入新阶段，200海里以内海域逐步国土化，公海和国际海底向国际共同管理的方向发展。沿海发达国家纷纷把海洋开发上升为国家战略，用现代科技勘察海洋空间，开发海洋资源，培育海洋新兴产业，抢占产业制高点，争夺海洋权益，发展海洋经济进入新阶段。浙江拥有约26万平方千米海域，其中内海约3.09万平方千米、领海约1.15万平方千米，在深水岸线、海岛、近海渔业、海洋能和滩涂、旅游等方面具有“四个第一、两个第三”的全国比较优势，其中深海岸线资源占全国1/3，海岛数量约占全国40%，滩涂资源位居全国第三，近海渔业资源位居全国首位，旅游资源位居全国第三，海洋能资源蕴藏量位居全国前列。浙江拥有着得天独厚的海洋资源优势，浙江海洋经济发展潜力十分巨大，发展海洋经济成为浙江转变经济发展方式、实现社会经济可持续发展的战略选择。然而发展海洋经济离不开法治的支撑，海洋经济的发展体系需要依法构建，发展行为需要依法规范，发展秩序需要依法维护，海洋经济在发展中的法律风险和矛盾纠纷有赖于法律的有效防范和化解。近年来随着浙江海洋经济的发展，浙江海洋法治的保障作用日益凸显，浙江海洋经济发展和浙江海洋法治建设均取得一系列的显著成就。

## 第一节 浙江海洋强省战略的提出

浙江省历届省委、省政府都高度重视海洋经济发展。在1993年全省第一次海洋经济工作会议上提出要建设海洋经济大省，在2003年第三次海洋经济工作会议上进一步提出要建设“海洋经济综合实力强、海洋产业结构布局合理、海洋科技先进、海洋生态环境良好的海洋经济强省”的奋斗目标；同年，浙江省委出台了《关于建设海洋经济强省的若干意见》，明确了建设“海洋经济强省”的目标。2005年，浙江省政府批准印发了《浙江省海洋经济强省建设规划纲要》，标志着浙江省全面开发蓝色国土、加快发展海洋经济战略的实施又推进到了一个新的阶段。2011年3月，国务院正式批复《浙江海洋经济发展示范区规划》，标志着浙江海洋经济发展上升为国家战略，海洋经济发展不仅成为浙江省第一个国家战略，而且也成为国家区域发展战略布局的重要环节。规划明确了“一个中心、四个示范区”的战略定位，即要建设成为我国重要的大宗商品国际物流中心、海洋海岛开发开放改革示范区、现代海洋产业发展示范区、海陆协调发展示范区、海洋生态文明和清洁能源示范区；同时，进一步明确了“一核两翼三圈九区多岛”的空间布局和构筑“三位一体”港行物流服务体系、规划建设舟山群岛新区和发展海洋新兴产业的三大任务。同年6月30日国务院又批复同意设立浙江舟山群岛新区(国函〔2011〕77号)，这使我省海洋经济发展和舟山群岛新区建设上升为国家战略。2012年在国务院2006年批准实施的《浙江省海洋功能区划》基础上，依据《全国海洋功能区划(2011—2020年)》和国家有关法律法规，省政府制定颁布了《浙江省海洋功能区划(2011—2020年)》，进一步优化海域开发和保护格局，为浙江海洋经济发展示范区和浙江舟山群岛新区的发展空间提供有力保障。根据党的十八大提出“建设海洋强国”的战略部署，2013年我省明确提出了要“建设海洋强省”。

## 一、浙江建设海洋经济强省的必要性

首先，建设海洋经济强省是浙江发挥海洋资源优势，拓展发展空间的需要。“不谋万世者，不足谋一时；不谋全局者，不足谋一域。”传统的眼光通常认为浙江陆域面积不大，是个资源小省。而浙江是海洋资源大省，拥有海域面积26万平方公里，是陆域面积的2.6倍，大陆海岸线和海岛岸线长达6500公里，占全国海岸线总长的20.3%，居全国第一位；面积大于500平方米的海岛3061个，占全国的2/5；各类海洋资源极其丰富，港口、渔业、旅游、油气四大资源得天独厚。加快发展海洋经济，不仅可以为浙江省经济的进一步发展提供新的资源，而且可以有效缓解浙江省陆域经济发展面临的资源、环境、人口压力，为全省经济社会的可持续发展提供新的空间。

其次，建设海洋经济强省是浙江推进经济结构调整，形成新的发展优势的需要。浙江经济一直是“轻、小、民、加”，产业层次低，科技水平低，产品附加值低。当前浙江恰逢经济增长方式的转变期和经济结构的调整期，需要摆脱对粗放型增长的依赖，实现产业的脱胎换骨。海洋经济是高附加值经济，海洋产业其中相当一部分融合了现代科技成果，是知识、技术、资金密集型产业。因此加快发展海洋经济，就是要通过深入实施科技兴海战略，在全面提升海洋渔业等传统产业的同时，大力发展高附加值的临港型重化工业和海洋生物医药等高新技术产业，推进经济结构的战略性调整，形成新的发展优势。

再次，建设海洋经济强省是浙江加强合作交流，扩大对外开放的需要。浙江北承长江三角洲，东临太平洋，西连长江流域和内陆地区，区域内外交通便利，紧邻国际航线战略通道，具有深化国内外区域合作的区位优势。海洋是长三角经济圈的重要组成部分，是长三角二省一市走向世界的共同通道，随着我国加入世贸组织和长三角一体化进程的加快，今后的一段时期，是浙江省加快发展海洋经济的重要战略机遇期，发挥浙江省的区位优势和港口资源优势，大力发展"大进大出"经济，在更高层次上实现"两头在外"，推动浙江开放型经济再上新台阶。

## 二、浙江建设海洋经济强省的路径

首先，坚持以港口建设为突破口。习近平同志指出，要抓住"上海国际航运中心地位的确立和我省港口腹地的延伸"这一良机，"加快沿海港口资源的整合与开发"，"加快宁波—舟山港一体化进程"，"加快开发大港口、建设大通道，发展大物流，形成以宁波—舟山深水港为枢纽，温州、嘉兴、台州港为骨干，各类中小港口为基础的沿海港口体系和现代物流系统"，"努力把宁波—舟山港建设成为我国国际远洋集装箱干线港和以煤炭、铁矿石、石油、粮食等重要大宗物资为主的现代港口物流基地"。

其次，坚持有重点地发展临港工业。习近平同志强调发展临港工业是重中之重，必须"立足现有产业基础，有所为有所不为"，"重点发展石化工业、能源工业、船舶制造业，适当发展钢铁工业，积极建设战略物资储备基地"。他还强调，"各地要从自身实际出发，因地制宜，有所侧重，有所突破"，"以宁波镇海、北仑、大榭岛、嘉兴乍浦和舟山金塘岛为重点，加快形成环杭州湾石化工业基地；以建设三门核电和浙江沿海大型港口电厂为重点，加快形成华东地区重要的能源工业基地；以船舶修理和大中型、特种船舶制造为重点，把舟山等建成为全国重要的船舶修造业基地；以粮食、石油等储备为重点，在沿海地区加快建设战略物资储备基地；充分发挥宁波等地港口优势，通过异地改造等发展钢铁工业"。

再者，坚持海洋基础设施先行。习近平同志认为，"要发展海洋经济，就必须先搞好海洋基础设施建设"，要按照"整合沿海、延伸海岛、加强互通、扩大共享"的思路，"搞好沿海城市、中心大岛、重要海洋功能区的布局衔接和联动建设"，集中力量推进三大对接工程，同时加快推进集疏运大通道和内河航道等项目建设。

最后，坚持实施科技兴海战略。习近平同志认为，创新是不竭动力，"必须深入实施科技兴海战略"，"支持浙江海洋学院以及浙江大学、宁波大学等涉海专业加快发展”，“鼓励企业与高等院校、科研院所开展以资产为纽带的产学研联合”，“不断提升科技对海洋经济的贡献率”。

## 三、浙江海洋经济强省建设的现状

海洋经济强省战略继续向纵深推进。2007年，浙江省进一步提出“大力发展海洋经济，加快建设港航强省”的工作部署。2010年，浙江被确定为全国海洋经济发展试点地区。2011年2月25日，国务院正式批复了《浙江海洋经济发展示范区规划》。同年6月30日，国务院又批复同意设立浙江舟山群岛新区，这使得我省海洋经济发展和舟山群岛新区建设上升为国家战略。我省初步构筑起以宁波、舟山为中心，温台杭嘉为两翼的海洋经济发展格局。

海洋经济综合实力显著增强。2014年全省海洋经济增加值约完成6000亿元，占GDP的比重由2002年的7.5%上升到15%，海洋经济已经成为我省国民经济的重要组成部分，对全省经济发展的辐射拉动能力不断增强。

海洋产业结构布局日益合理。海洋产业三次结构从2002年的21∶36∶43，调整为2013年的7∶41∶52，海洋产业结构更趋优化。2014年全省临港石化工业企业完成销售收入2730亿元；船舶工业完成总产值965亿元；海洋旅游业实现收入约3009亿元。海洋新兴产业发展较快，对经济拉动的贡献度不断提升。

海洋经济重大项目建设快速推进。杭州湾嘉绍大桥、象山港跨海大桥、椒江二桥等一批重大基础设施项目建成投用，温州瓯飞一期围垦、温州大门大桥、舟山鼠浪湖矿石中转码头、嘉兴海河联运工程、台州头门港区、宁波杭州湾大众汽车、舟山金海重工、舟山万泰海洋工程、三门核电等一批海洋经济重大项目加快推进。

海洋科教支撑能力不断提升。2013年研究与试验发展经费占海洋生产总值比重约为2.4%，科技贡献率达66%。浙江海洋学院新校区全面建成投用，可望升格为浙江海洋大学。浙江大学海洋学院(舟山校区)、宁波诺丁汉国际海洋经济技术研究院、舟山海洋科学城、温州海洋科技创业园等科教平台建设加快推进。目前全省拥有涉海类专业高校21所、涉海类省重点学科40个,涉海科研院所13家、国家级海洋研发中心(重点实验室)4家、海洋科技创新平台15家,正在加快提升海洋科技自主创新能力,如膜法海水淡化技术、海产品育苗和养殖技术、海产品超低温加工技术、分段精度造船技术等。

海洋生态环境保护得到加强。浙江省重点污染领域整治深入推进,主要入海污染物总量得到控制,区域性环境污染有效遏制,全省近岸海域环境质量保持基本稳定。环境监测监控能力显著提高,已对钱塘江、曹娥江等7条主要入海河流、沿海地区109家(个)直排海污染源和省级以上海洋保护区实施了环境监测。重点实施了一批包括重点海岛、海湾、海岸带在内的综合整治修复及保护项目,已设立省级以上海洋自然保护区和海洋特别保护区13个、水产种质资源保护区13个、水产增殖放流区11个。

"桥牌"效应逐渐显现。习总书记当年力推的"两桥"建成投用以后,大大提高了沿海黄金大通道的运行效率,有效保障了长三角地区战略物资的供应。2014年,宁波—舟山港货物吞吐量达8.7亿吨,连续六年保持全球港口首位;集装箱吞吐量达1945万标箱,列全球第5位。现在的宁波—舟山港,已拥有全国最大的水路运输运力与中转减载泊位群,承担了长江经济带45%的铁矿石、90%以上的油品中转量、1/3的国际航线集装箱运输量,以及全国约40%的油品、30%的铁矿石、20%的煤炭储备量。两张"桥牌"也为宁波、舟山地区承接国际产业转移和产业转型升级提供了更多机会,极大带动了以宁波、舟山地区为核心的沿海地区跨越式发展,并对提升我省在长三角地区的竞争力和"龙眼"地位,更好地融入"一带一路"和长江经济带国家战略,发挥了战略上的重大作用,产生了深远影响。①

---

① 刘亭:《新格局下新优势》,《浙江日报》2015年6月4日。

## 第二节　浙江海洋经济示范区建设

2011年2月，国务院正式批复《浙江海洋经济发展示范区规划》，批复要求《规划》实施要突出科学发展主题和加快转变经济发展方式主线，以深化改革为动力，着力优化海洋经济结构，加强海洋生态文明建设，提高海洋科教支撑能力，创新体制机制，统筹海陆联动发展，推进海洋综合管理，建设综合实力较强、核心竞争力突出、空间配置合理、生态环境良好、体制机制灵活的海洋经济发展示范区，形成我国东部沿海地区重要的经济增长极。这次国务院批复的《浙江海洋经济发展示范区规划》，是在"十二五"开局之年获批的重要的国家发展战略规划，这标志着浙江海洋经济发展上升为国家战略，成为国家海洋经济发展战略和区域发展战略的重要组成部分，有效提升了浙江在全国发展中的地位。这既是中央对浙江多年来发展海洋经济成绩的充分肯定，也是对浙江发展海洋经济工作的大力支持，更是对浙江发展海洋经济提出的更高要求。

### 一、浙江海洋经济示范区建设的战略意义

加快浙江海洋经济发展示范区建设，是完善国家沿海区域发展布局的战略部署，是培育新的经济增长极的战略决策，是推进经济转型升级的战略选择，是统筹陆海、扩大开放的战略举措。

首先，有利于科学开发利用海洋资源，促进海洋经济转型升级和可持续发展。加快浙江海洋经济发展，积极推进示范区建设，有利于科学规划海洋经济发展，坚持开发与保护并重，集约利用深水岸线、海岛、海洋能等资源，规范资源开发行为，切实保护海岛、海岸带和海洋生态环境，培育新的增长极，推进经济发展方式转变和生态文明建设，实现人海和谐。

其次，有利于完善沿海区域发展战略格局，实现海陆统筹。加快浙江海洋经济发展，积极推进示范区建设，有利于促进上海国际

航运中心建设，加快长江三角洲地区一体化进程，强化长江三角洲地区和海峡西岸经济区的联系，完善我国沿海地区发展格局，增强沿海地区开发开放的总体实力；有利于积极探索海陆联动的新思路与新举措，提升浙江辐射长江流域、带动内陆地区发展的能力。

再者，有利于保障国家战略物资供应安全，维护国家海洋权益。加快浙江海洋经济发展，积极推进示范区建设，形成全国重要的大宗商品储运、加工和贸易中心，有利于充分利用国内国际两个市场、两种资源，维护国家战略物资供应安全和经济安全；有利于探索海洋综合管理体制机制，加强综合保障体系建设，提升维护国家海洋权益的能力。

## 二、浙江海洋经济示范区建设的布局

浙江省海洋经济发展示范区建设的总体要求是以邓小平理论和"三个代表"重要思想为指导，深入贯彻落实科学发展观，按照国家"十二五"规划纲要和国务院批复《浙江海洋经济发展示范区规划》精神，深入实施"八八战略"和"创业富民、创新强省"总战略，以科学发展为主题，以加快转变经济发展方式为主线，以富民强省、社会和谐为根本目的，着力优化海洋经济结构，加强海洋生态文明建设，提高海洋科教支撑能力，创新海洋体制机制，统筹海陆联动发展，推进海洋综合管理，建设综合实力较强、核心竞争力突出、空间配置合理、科教体系完善、生态环境良好、体制机制灵活的海洋经济科学发展示范区，形成我国东部沿海地区重要的经济增长极。

第一，围绕建设大宗商品国际物流中心，加快打造"三位一体"港航物流服务体系。发展港航物流是发展海洋经济的重要内容。我省拥有丰富的港口资源和区位优势，具有深化国内外区域合作、发展港航物流的有利条件。同时发展港航物流有利于充分利用国际国内两种资源、两个市场，维护国家战略物资供应安全和经济安全。要围绕港航强省建设，着力构筑由大宗商品交易平台、海陆联动集疏运网络、金融和信息支撑系统组成的"三位一体"港航物流服务体系，加快推进以宁波—舟山港为核心的大宗商品储运加工贸易基地和集装箱干线港建设，提升上海国际航运中心的整体功能，努力把我省海洋经济发展示范区建设成为我国大宗商品国际物流中心，为我国战略物资供应和经济安全提供有力支撑。

第二，围绕建设现代海洋产业发展示范区，着力构建现代海洋产业体系。发展海洋经济说到底就是要充分挖掘和大力发展海洋生产力，把培育发展现代海洋产业作为重要突破口。要围绕建设现代海洋产业发展示范区的目标要求，坚持引进和培育并举，扶持培育一批海洋战略性新兴产业，加强海洋科研与产业化基地建设，扶持壮大港口物流、海洋装备制造、清洁能源、海水利用、海洋生物医药等新兴产业，提升发展临港先进制造业、滨海旅游、现代渔业等优势产业，同时结合我省海洋产业转型升级的实际，着力打造并做强国际知名企业和品牌，努力建设具有较强国际竞争力的产业集群，加快构建现代海洋产业体系，推进海洋经济转型升级，切实增强我省海洋经济综合实力和国际竞争力。

第三，围绕建设海陆协调发展示范区，不断优化"一核两翼三圈九区多岛"的海洋空间开发格局。发展海洋经济，要求海陆联动、统筹推进，必须注重发挥不同区域的比较优势，加快构建"一核两翼三圈九区多岛"的海洋经济总体发展格局。要以宁波—舟山港海域、海岛及其依托城市为核心，促进宁波、舟山区域统筹联动发展，加快舟山海洋综合开发实验区建设；以环杭州湾产业带及其近岸海域为北翼，以温台沿海产业带及其近岸海域为南翼，加强与上海国际金融航运中心和海峡西岸经济区接轨；加快杭州、宁波、温州三大都市圈海洋高新技术产业和现代服务业发展，增强对周边区域的集聚辐射，打造海洋经济发展战略高地；依托沿海七市，建设九大产业集聚区，使之成为我省海洋经济发展方式转变和城市新区培育的主载体，同时积极推进梅山、六横等重要海岛的开发利用与保护，打造我国海洋经济开发开放的先导区。

第四，围绕建设海洋生态文明和清洁能源示范区，积极推进海洋海岛资源合理开发和有效保护。人海和谐、可持续发展是海洋经济的根脉。发展海洋经济既要"海里淘金"，更要生态文明。要坚定不移地走海洋生态保护与海洋开发并重的发展道路，强化海洋资源有序开发、生态利用和有效保护，合理开发岸线资源和海岛资源，把有条件的大中岛屿建设成为港口物流岛、清洁能源岛、国际旅游岛，同时加强陆海污染综合防治和海洋环境保护，加强海域污染防治和生态修复，大力发展低碳技术和循环经济，切实提高海洋经济可持续发展能力。

第五，围绕建设海洋海岛开发开放改革示范区，探索创造有利于海洋经济持续健康发展的体制环境。发展海洋经济是一项探索性工作，必须以改革创新的精神推进海洋综合开发和管理。我省较早地进行了要素市场化配置、资源环境有偿使用等改革，经过多年发展完善，基本形成了高效、规范的市场机制，为海洋经济发展提供了良好环境。要发挥浙江体制机制灵活的优势，加大在海洋开发规划统筹、政策引导、资金支持、体制创新等领域的改革力度，充分发挥市场配置资源的基础性作用，引导民间资本积极参与海洋经济发展，加快杭州国家创新型城市建设，重点推进舟山群岛综合开发开放、杭甬海洋科技创新、甬舟港航配套服务、温台民营海洋产业发展等特色试点工作，努力形成科学、有序、高效、完善的体制环境，促进我省海洋经济又好又快发展。①

## 第三节　浙江舟山群岛新区建设

舟山是我国唯一的群岛型设区市，包括 1390 个岛屿及其邻近海域，陆域面积约 1440 平方千米，海域面积约 2.08 万平方千米，区位、资源、产业等综合优势明显，是浙江海洋经济发展的先导区和长江三角洲地区海洋经济发展的重要增长极。2011 年 6 月，国务院批准设立浙江舟山群岛新区，明确提出舟山群岛新区建设要以深化改革为动力，以先行先试为契机，坚持高起点规划、高标准建

① 《加快建设海洋经济强省》，《今日浙江》2011 年第 5 期。

设、高水平管理，努力打造面向环太平洋经济圈的桥头堡。2013年1月17日，国务院批准《浙江舟山群岛新区发展规划》，明确了新区"三大战略定位"，即浙江海洋经济发展先导区、长江三角洲地区经济发展重要增长极和海洋综合开发试验区；"五大发展目标"，即大宗商品储运中转加工交易中心、东部地区重要的海上开放门户、重要的现代海洋产业基地、海洋海岛综合保护开发示范区、陆海统筹发展先行区。

## 一、浙江舟山群岛新区建设的战略意义

舟山具有优越的战略区位、举世罕见的港口岸线、丰富的海洋海岛资源、扎实的海洋产业基础、日益完善的海洋海岛开发管理机制，"浙江舟山群岛新区"的建设具有特殊的重要意义。

第一，有利于保障我国经济战略安全。经济社会发展的阶段特征和资源国情决定我国战略性资源物资需要大量进口，长三角及长江流域是消耗资源物资的主要区域。而这些战略物资将主要通过海上运输从境外到达境内。建设浙江舟山群岛新区，加快舟山深水港群开发，打造以大宗商品为主的国际物流岛，可增强国家大宗战略物资储备中转能力，确保我国特别是长三角地区大宗战略物资储运中转安全。

第二，有利于拓展我国发展空间，维护海洋权益。从我国疆域看，唯独舟山群岛和台湾岛真正深入太平洋。无论是拓展战略空间，还是维护国防前哨阵地，舟山都是重要战略支点和桥头堡。建设浙江舟山群岛新区，充分挖掘发挥舟山独特而丰富的海洋海岛资源优势，有利于将舟山打造成为我国面向世界各大洋拓展战略空间的前进基地和海上综合支撑基地，成为我国开发、保护、利用东海油气、海底多金属核等海洋战略资源的前沿阵地。

第三，有利于探索群岛开发开放新模式，建设我国海洋综合开发基地。如果说沿海地区是海洋开发的支撑和依托，那么海岛就是海洋开发的前沿和核心。海岛与其周围的海域组成的海岛生态系统，是生产力最高的海洋生态系统之一，蕴藏着丰富的生物资

源、矿物资源、港口资源、旅游资源等。建设浙江舟山群岛新区有利于探索我国群岛开发开放新模式，为今后开发南沙和其他海岛，建设我国各类、各大洋海洋综合开发基地打下扎实基础。

第四，有利于我国转变发展方式，探索转型升级新途径。发展海洋经济首次列入国家中长期规划重点，已成为我国培育新的经济增长点的重要途径，国家发改委已启动海洋经济发展试点工作。建设浙江舟山群岛新区，推进现代海洋产业的培育发展，有助于在全国率先探索出一条具有鲜明海洋海岛特色的海洋经济转型升级新路径。

第五，有利于建设上海国际航运中心，培育我国东部经济新的增长点。宁波—舟山港是上海国际航运中心重要组成部分。建设浙江舟山群岛新区有助于畅通南北海运、江海联运通道，完善上海国际航运中心建设体系，充分发挥差异化比较优势，实现资源共享、优势互补、陆岛联动，进一步增强长三角区域竞争力，培育我国东部经济新的增长点。

第六，有利于摸索海洋资源保护开发新路子。由于海洋经济粗放发展方式尚未得到根本性扭转，加上陆源排海污染管理联动不够严密、涉海法律法规不够健全等，我国海洋资源利用水平整体上尚不高。设立舟山海洋综合开发试验区，有助于科学、全面、有序地推进海洋、海岛资源的综合开发管理，加快海洋经济的集约化、生态化、可持续发展，为我国海洋资源的科学开发、合理保护积累经验。

## 二、浙江舟山群岛新区建设的总体布局

浙江舟山群岛新区建设的总目标是经过若干年努力，将舟山打造成为面向环太平洋经济圈的桥头堡。从国家赋予舟山群岛新区的战略定位和发展目标看，舟山已成为我国实施“海洋强国”战略的重要基点，承载着探索海洋经济科学发展路径的历史使命。围绕《浙江舟山群岛新区发展规划》以及国务院的批复精神，浙江舟山群岛新区建设遵循着“尊重规律，科学发展；先行先试，开放发

展；转型升级，高效发展；陆海统筹，联动发展；生态优先，和谐发展”的原则，在大开发、大发展的过程中同步推进生态环境、自然资源的大保护，实现人海和谐。

第一，抓好舟山江海联运服务中心“一号工程”。一是建设舟山江海联运服务中心，是实施国家“一带一路”和长江经济带国家战略的需要，是加快浙江海洋经济发展示范区建设，推进浙江经济转型升级的需要，是推进舟山群岛新区发展规划具体化、项目化实施的重大举措和突破口。二是优化江海联运集疏运体系。在科学预测长江经济带货物流量的基础上，加快舟山港口基础设施建设，大力发展大宗散货集疏运体系，积极发展集装箱集疏运体系，加快推进宁波—舟山港一体化进程。三是建设国家战略物资储运加工基地。充分发挥水水中转优势，在现有国家大宗商品战略储备的基础上，增加商业储备，做大原油战略储备规模，提升铁矿石储运中转水平，做强国际粮油集散平台，规划建设民营绿色石化基地，提高国家经济战略安全保障能力。四是发展江海联运现代服务。打造国际海事服务基地，加快发展保税燃料油业务，做精做强船舶修造业，拓展航运服务产业链，积极发展海事金融、海事法律、国际海员培训等服务业，提升江海联运信息化发展水平，做大做强大宗商品交易中心；争取中国（浙江）大宗商品交易中心尽快获批，推动浙江石油化工交易中心尽早运行，构建资源集聚、功能齐全、环境优良、服务高效的现代航运服务体系。五是完善江海联运基础设施。加快综合交通网络建设，力争甬舟铁路于“十三五”期间开工建设，加快六横大桥建设相关工作进度，谋划建设富翅门大桥、秀山至本岛大桥等工程。立足长远，谋划建设北向大通道。同时加强水、电等要素保障。

第二，加快转型升级，推动经济平稳较快发展。一是切实打好转型升级组合拳，推进海洋经济向质量效益型转变，优化海洋产业发展格局，大力提升船舶、旅游、水产三大优势产业。推进船舶与海洋装备新型工业化示范基地建设，发挥船企“白名单”效应，推动船舶产业集聚集群发展，加快培育海工装备产业。提升海洋旅游产业，积极筹办世界海岛旅游大会。二是全面推进普陀山管理、服务、业态、设施、环境五大提升，建设全国精品旅游景区。精心打造朱家尖国际旅游度假区，推动旅游全产业链发展。加快建设国家远洋渔业基地，推进国家远洋渔业母港、现代远洋水产品交易市场和加工园区建设，支持企业开展远洋渔业国际合作，建立境外远洋渔业基地。三是加快培育航空、健康、现代服务等新兴产业。积极规划建设航空产业园区，继续招引商务机制造、航空器维修、空海一体化等项目。大力发展集生态疗养、健康管理、禅修体验、养老服务、海洋生物等于一体的健康产业。四是加快建设国家海洋电子产业基地，推进建设海洋通信应用产业园、船舶电子研究院等项目，统筹推进海洋大数据中心建设。积极发展文化创意产业，推动文化与旅游的融合发展，加快推进观音文化园、观音法界项目建设。五是全力扩大有效投资。着力推动重大项目快落地、快建设、快见效，优化投资结构，提高投资质量，促进产业转型，增强发展后劲。强化精准招商，千方百计招央企、引外资、聚民资，超前谋划舟山江海联运服务中心和绿色石化配套衍生项目，着力引进一批重大项目和高带动力、高成长性、高效益项目。六是深入实施创新驱动发展战略。加快建设中国(舟山)海洋科学城，聚焦海洋经济转型升级主战场，围绕舟山江海联运服务中心建设和高新船舶、海工装备、现代渔业、海洋生物、电子信息等重点，加强关键共性技术攻关，做优企业创新主体，强化海洋科技人才支持，提升舟山海洋经济的核心竞争力。发挥高校在创新驱动的基础作用，建设好浙大舟山校区，建设北大舟山海洋研究院，支持浙江海洋学院创建海洋类大学。

第三，坚持统筹发展，推动“两美”浙江新区先行。按照“生态生活生产有机融合，乐居乐业乐游联为一体”的要求，努力把人民向往的美好生活变为现实。一是提升海上花园城建设品质。把舟山本岛南部百里滨海大道作为建设高品质海上花园城的核心工程来抓，着力打造生态景观长廊、历史文化长廊、民生休闲长廊、产城提升长廊，统筹推进新城、普陀、定海三个城市湾区建设，抓好高亭、菜园、六横、金塘等县城和小城市提升工作。二是打好"三改一拆"攻坚战，切实加强城市管理，扎实推进全国文明城市创建。抓好城中村改造和新型集聚小区建设，加强古村落、古民居保护，推进生态廊道建设三年计划，打造一批美丽海岛综合示范区块和精品社区。三是提升生态建设水平。坚持不懈推进"五水共治"，确保黑臭河、垃圾河治理全面达标，全力整治饮用水源地环境，加快本岛一体化污水处理设施建设。强化减排精细化管理，创新总量管理制度。强化污染治理，加快黄标车淘汰，建设危废处置设施。加强海洋海岛生态保护，深入实施"一打三整治"，推进舟山渔场修复振兴。四是积极创建国家环保模范城市，提升基层依法治理水平。创新基层依法治理体制机制，构建形成一村一社区一经济合作社的治理结构。深化"网格化管理、组团式服务"，健全"三民"工作法，深化社区"三减两增一强化"工作，培育千名群众工作能手、千名矛盾纠纷调解能手。加强社会服务体系建设，建立全市统筹协调机制，率先在本岛整合各类服务资源，实现本岛社会服务一体化。五是提升民生保障和社会建设水平。加大就业创业扶持力度，推进被征地农民养老保障转轨，把渔民养老保障纳入到统一的养老保险制度。实施新一轮"菜篮子"工程。加快社会事业发展，力争新区旅游与健康职业学院和舟山技师学院顺利"摘筹"，启动"海洋健康城市"建设，推进海洋文化名城建设，打造省海洋运动基地。①

## 第四节　浙江海洋环境法治建设

习近平总书记强调，21 世纪的人类进入了大规模开发利用海洋的时期，要进一步关心海洋、认识海洋、经略海洋，推动我国海洋强国建设不断取得新成就。党的十八大报告指出，"提高海洋资源

① 孙景淼：《全力加快舟山群岛新区发展》，《今日浙江》2015 年第 1 期。

开发能力，发展海洋经济，保护海洋生态环境”，“保护生态环境必须依靠制度。要把资源消耗、环境损害、生态效益纳入经济社会发展评价体系，建立体现生态文明要求的目标体系、考核办法、奖惩机制。建立国土空间开发保护制度，完善最严格的耕地保护制度、水资源管理制度、环境保护制度”。党的十八大还做出了建设海洋强国的重大部署，实施这一重大部署，对推动经济持续健康发展，维护国家主权、安全、发展利益，实现全面建成小康社会目标，进而实现中华民族伟大复兴都具有重大而深远的意义。党的十八届三中全会的公报和决定，党的十八届四中全会的精神，中共中央国务院印发的《生态文明体制改革总体方案》，句句是改革，字字有力度，寓意着中国将迎来翻天覆地的巨大变化。在我国已经启动的新一轮改革中，浙江海洋法治也迎来了更多的发展新机遇，浙江海洋法治建设也将获得进一步提升。

## 一、海洋环境法治建设的战略意义

海洋经济的发展离不开海洋法治的支撑，完善的法律制度及其有效实施可为海洋资源开发利用、海洋生态环境保护、海洋污染防治及海洋经济的可持续发展等提供坚强有力的法治保障。海洋法治需要完备统一的海洋法律体系、普遍有效的海洋法律规则、严格公正的海洋执法司法制度及专门化的海洋律师职业等。浙江作为我国“新东部”海洋经济带的重要组成部分，是我国最为活跃、发展潜力最大的海洋经济区之一，加强海洋法治建设，对保障海洋经济发展无疑具有重大意义。

一是为海洋经济发展提供制度支撑。发展海洋经济离不开法律制度的支撑，完善的法律制度及其有效实施可为浙江海洋资源开发利用、海洋生态环境保护、海洋污染防治及海洋经济可持续发展等提供强有力的法治保障。《浙江海洋经济发展示范区规划》明确要求：“完善法规体系。加强地方海洋立法工作，尽快制定浙江省海域使用管理条例，及时修订滩涂围垦、钱塘江管理等涉海法规，制定无居民海岛保护及使用权管理、海岸带综合管理、深水岸线管理、海洋生态损害赔(补)偿管理、海洋生态环境保护、海域使用权流转、用海与用地衔接管理等法规规章,形成配套完整、上下一致、协调统一的法规与制度体系。”

二是为海洋资源开发利用提供秩序保障。秩序是法律的基本价值,各种法律都在建立和维护与其相关的各类秩序。浙江省海洋资源开发利用和海洋环境保护的法规主要包括海域使用管理、海洋环境保护、滩涂围垦管理、渔业管理、南麂列岛国家级海洋自然保护区管理等条例。《浙江海洋经济发展示范区规划》明确要求,要完善执法体制,加强审批管理。通过海洋法治建设,可进一步理顺海洋资源开发利用的管理体制,规范海洋资源开发利用的无序行为,为海洋资源开发利用提供秩序保障,从而为海洋经济的可持续发展夯实法治基础。

三是为海洋生态环境保护提供法治保障。虽然浙江省的环境污染和生态破坏趋势已基本得到控制,环境质量呈现稳中向好态势,但浙江海洋经济发展仍会对海洋生态环境安全构成重大挑战,因此海洋法治建设将为海洋生态环境保护提供有效的法治保障。浙江早在 2004 年 1 月 16 日就通过了《浙江省海洋环境保护条例》,自 2004 年 4 月 1 日起实施。这标志着浙江省海洋环境保护工作步入依法治理的轨道。该条例的立法目的是保护海洋资源,改善海洋环境,防治污染损害,维护生态平衡,保障人体健康,促进经济和社会的可持续发展。该条例确立了“海洋环境保护应当统筹规划,实行开发与保护、损害与担责、维护与受益相结合的原则”。该条例还分别就海洋环境的监督管理、海洋生态的保护、防治污染物和工程建设项目对海洋环境的污染损害等进行了规范,并根据海洋环境保护具有相关性、整体性和动态性的特点,明确建立与沪、苏、闽和省内各地的区域合作机制,建立相应的报告、处理、应急机制,并规定建立健全重点海域排污总量控制等制度。2009 年 11 月 27 日,浙江省第十一届人民代表大会常务委员会第十四次会议通过了《关于修改〈浙江省海洋环境保护条例〉的决定》。①

## 二、浙江海洋环境法治建设的显著成就

随着浙江海洋经济的发展，海洋法治的保障作用日益凸显。浙江海洋法治建设已经取得一系列的显著成就。

一是浙江海洋功能区划制度。海洋功能区划制度是我国《海域使用管理法》规定的三项基本制度之一，是海域使用管理的基础依据。1997至2001年，浙江省先后完成了省、市、县三级大比例尺海洋功能区划编制工作，由各级政府或人大批准实施。2006年10月《浙江省海洋功能区划》获国务院批准，并于2007年公布实施，该规划的实施对海洋开发利用秩序的有效规范、海域资源的合理利用和优化配置、海洋生态环境保护及海洋经济发展等诸方面都发挥了积极的促进作用。2009年下半年，根据国家海洋局发布的《海洋功能区划管理规定》和《省级海洋功能区划修编技术要求》，浙江省对本省的海洋功能区划实施情况进行了科学评估，取得了阶段性成果，同时完成了宁波、舟山、台州等市及有关县(市)海洋功能区划的中期评估和修改工作。2011年，浙江积极开展以围填海和养殖用海为重点的海域综合管理，印发《关于做好围填海2011年度计划指标管理工作的通知》，严格执行围填海计划管理制度。同时，进一步规范海域资源的市场化配置，出台《招标拍卖挂牌出让海域使用权管理办法》，建设项目海域使用权挂牌出让取得突破。2012年10月10日，国务院原则同意《浙江省海洋功能区划(2011—2020年)》。通过实施《浙江省海洋功能区划》，到2020年，围填海等改变海域自然属性的用海活动得到合理控制，渔业生产生活和现代化渔业发展得到保障，海洋生态环境质量明显改善，海洋可持续发展能力显著增强。

① 蔡先风:《浙江海洋经济法治建设的回顾与展望》,《法治研究》2014年第4期。

二是浙江海域使用管理制度。自2001年起浙江省先后制定了《浙江省人民政府办公厅关于审批项目用海有关问题的通知》《浙江省人民政府关于科学开发利用滩涂资源的通知》《浙江省人民政府关于进一步加强海洋管理工作的通知》等规范性文件,明确了海域使用管理审批权限、海域使用金征收标准、滩涂围垦的管理关系等迫切需要解决的问题;浙江省海洋主管部门与发改委联合制定了《关于用海基本建设项目审批和海域使用管理的通知》,大大加快了各类用海建设项目纳入海域使用管理的进程;与财政部门联合制定了《浙江省海域使用金征收管理暂行办法实施细则》,促进了海域有偿使用制度的落实;同时,也制定了《浙江省海域使用权申请审批管理办法》《海域使用权登记备案管理办法》《浙江省海域使用面积界定暂行办法》《关于围填海项目海域使用金征收标准的批复》《浙江省海域使用论证管理办法》《浙江省海域使用论证审查专家库管理办法》《浙江省海域使用管理百县示范活动实施方案》等若干管理制度,确保海域使用管理的规范化。针对我国《海域使用管理法》施行初期在海域使用管理实践中发现的问题,浙江进一步建立和完善了《浙江省海域使用管理办法》等一系列相关配套制度。2012年11月29日,浙江省十一届人大常委会第三十六次会议通过了《浙江省海域使用管理条例》,该条例依据我国《海域使用管理法》《物权法》《行政许可法》《海洋环境保护法》等法律的相关规定,结合浙江省海域使用管理实践和立法调研,制定了不少创新性条款,有些还是全国首创。

三是浙江无居民海岛资源管理制度。无居民海岛的开发利用能够为浙江省海洋经济的发展注入新的活力和动力,同时也是贯彻落实浙江海洋经济发展示范区和舟山群岛新区建设两大国家战略的举措之一。浙江省结合海洋自然保护区与海洋特别保护区的建设,开展无居民海岛保护的相关工作。这些保护区的建设,有效地改善了一批无居民海岛的生态环境和生物多样性状况。2004年12月20日,浙江省颁布《宁波市无居民海岛管理条例》,进一步加强无居民海岛管理,保护无居民海岛的自然资源和生态环境,合理利用无居民海岛。2012 年 1 月 29 日，浙江省政府批准同意将温州市洞头县列为浙江省海岛综合开发与保护试验区，成为浙江省首个获准设立的海岛综合开发与保护试验区。建设洞头海岛综合开发与保护试验区，有利于推动浙江海洋经济发展示范区建设，有利于推动浙江省海洋海岛生态保护进程，有利于为浙江省海岛开发开放提供示范经验。2012 年 7 月，《浙江象山海洋综合开发与保护试验区规划》获浙江省政府批准同意，这标志着浙江全省第一个海洋综合开发与保护试验区的开发建设正式拉开帷幕。按照该规划要求，象山海洋综合开发与保护试验区将着力构建“一核、两港、三区、多岛”空间总体布局框架。2013 年 2 月 28 日，浙江省政府第三次常务会议审议通过《浙江省无居民海岛开发利用管理办法》，这是全国首个规范无居民海岛开发利用活动的省级政府规章，也是浙江省在我国《海岛保护法》框架下，对无居民海岛管理工作的立法探索，标志着浙江省在无居民海岛开发利用管理的制度设计上已经走在了全国前列。

四是浙江海洋渔业资源管理制度。浙江是海洋渔业大省，渔业已成为农村经济的重要支柱。1981 年，《浙江省海洋水产资源保护试行规定》颁布；1984 年，《浙江省淡水渔业生产和资源保护暂行规定》颁布；1989 年，《浙江省渔业管理实施办法》颁布；1989 年 9 月，《宁波市象山港水产资源保护条例》批准发布；1997 年 11 月 12 日，《宁波市象山港水产资源保护条例》修正案获批发布，其目的是保护和合理利用象山港水产资源，维护渔业生产秩序，促进渔业生产发展；2005 年 4 月，《宁波市象山港海洋环境和渔业资源保护条例》经浙江省人民代表大会常务委员会第十七次会议审查批准；2005 年 11 月，《浙江省渔业管理条例》公布，2013 年 12 月又做了修正。该条例分别就渔业行政管理体制、政府和渔业行政主管部门职能、水产养殖业、捕捞业、渔业环境保护、水产品质量安全、渔业资源增殖保护、法律责任等内容做了详细的规定。该条例的出台，是浙江省渔业资源管理制度建设的一个里程碑，标志着浙江省渔业资源管理工作又迈上了一个新台阶，将有助于进一步保护渔业生产者的合法权益，保障水产品质量安全，增加渔民收入，促进渔业经济的可持续发展。

# 第二章 浙江海洋功能区划①

## 第一节 浙江海洋资源分布

浙江是海洋大省，拥有26万平方千米海域，是浙江陆域面积的2.6倍。浙江全省海岸线长达6696千米，居全国第1位；在近岸海域内，分布着陆地面积大于500平方米的海岛2878个，占全国岛屿总数的2/5。辽阔的海域蕴藏着丰富的生物和非生物资源、空间资源和环境资源。

### 一、海岛资源

浙江省共有海岛3820个，分布区南北跨距420千米，即北起灯城礁，南至横屿，西始木林屿，东起东南礁，分别隶属于嘉兴市、舟山市、宁波市、台州市和温州市的27县（市、区）。海岛总面积1818.025平方千米，岸线总长4496.706千米。

纵观浙江海岛分布态势，具有下列明显特征：一是东西成列，南北如链，面上成群。比较著名的群岛、列岛就有10余个，如嵊泗列岛、崎岖列岛、中街山列岛、韭山列岛、海山列岛、东矶列岛、台州列岛、洞头列岛、南麂列岛等。群岛当属舟山群岛最闻名。二是近岸海岛量多，面广地势高，远岸海岛量少，面少，地势低。若以20米等深线作为近岸岛与远岸岛的分界线，则浙江海岛体现出近岸浅水的特征。

---

① 本章数据来源于张海生主编的《浙江海洋环境资源基本现状》，海洋出版社2013年版。

按照浙江省海岸5个市的海岛分布情况来看，舟山市海岛量最多，共计1814个，占浙江省海岛总数的47.49%；台州市次之，占海岛总数的20.35%，嘉兴市最少，仅占0.89%。按照浙江省沿海县（市、区）的海岛分布情况来看，普陀区海岛量最多，共计658.5个，占浙江省海岛总数的17.24%，岱山县次之，余姚市、慈溪市最少，各有0.5个。按照社会属性分类，浙江省有居民海岛共有254个，其中，地市级岛1个，县（市、区）级岛3个，乡（镇、街道）级岛59个，村（社区）级和自然村岛192个；无居民海岛3566个。其中，舟山市有居民海岛数量最多，共计141个，占浙江省总数量一半以上。按照成因分类，浙江海岛类型单一，仅杭州湾南岸浅滩上的西三岛为1个堆积岛，其余3819个海岛均为大陆地块延伸到海洋并露出海面的基岩岛。

浙江省海岛总面积为1818.025平方千米。按照地市级行政区划来看，舟山市海岛面积最大，1299.354平方千米，占全浙江省海岛总面积70%以上；宁波市次之；嘉兴市海岛面积最少。按照县（市、区）级行政区划来看，舟山市定海区海岛面积最大，为539.713平方千米；普陀区次之。按照社会属性划分，浙江全省有居民海岛数量为254个，仅占海岛总数的7%，却占海岛总面积的91.4%，体现了浙江省海岛的鲜明特点。

## 二、海岸与土地资源

浙江省31个县（市、区）中有21个兼具大陆和海岛岸线，5个仅具海岛岸线。根据2010年年度土地变更调查统计，浙江省31个沿海县（市、区）农用地1966266.45平方千米，未利用地414030.02平方千米。全省海岛分布在舟山、嘉兴、宁波、台州、温州五市的定海区、普陀区、岱山县、嵊泗县、平湖市、海盐县、北仑区、镇海区、鄞州区、奉化市、宁海县、象山县、慈溪市、余姚市、路桥区、椒江区、玉环县、温岭市、临海市、三门县、洞头县、苍南县、平阳县、瑞安市、乐清市、龙湾区等26个县（市、区）。海岛土地总面积181982.01平方千米，其中，农用地122997.42平方千米，建设用地30937.12平方千米，未利用地28047.48平方千米。浙江省未利用海涂面积为2396.06平方千米，集中分布在舟山、温州、宁波、台州四市的岱山县、嵊泗县、定海区、普陀区、苍南县、龙湾区、洞头县、临海市、三门县、玉环县、温岭市、北仑区、宁海县、象山县等14个县(市、区)。

浙江省海岸线总长6714.7千米，居全国沿海省市之首，其中，大陆海岸线总长2218.0千米，海岸线长4496.7千米。浙江省大陆海岸线长度，北起平湖市金山石化总厂厂区，南至苍南县虎头鼻，全长2217.96千米。其中，人工岸线长1427.33千米，占64.4%；基岩岸线长746.62千米，占33.7%；沙砾质岸线长25.61千米，占1.2%；河口岸线长18.40千米，不足1%。浙江省河口岸线总长18.4千米，其中，钱塘江、甬江等6大河口岸线的长度所占比例超过50%。浙江省人工岸线总长1427千米，围垦和堵港蓄淡的海塘占绝对多数。从各县区人工岸线的比例来看，如果不考虑河口岸线，则海宁、萧山、绍兴、上虞、余姚、慈溪、椒江、鹿城、瑞安九地的海岸线全部人工化；苍南、玉环、象山三地的人工岸线所占比例低于50%，分别是22%、34%和48%，上述三地恰好也是浙江省基岩岸线长度前三甲。浙江省基岩岸线的分布比较集中，象山、玉环、苍南三县基岩岸线长度超过120千米，三门、温岭两地的基岩岸线长度在80～90千米之间，仅上述5县(市)的基岩岸线即占到浙江全省的80%以上。此外，北仑、奉化、宁海、临海、路桥、乐清、平阳等县(市、区)的基岩岸线长度在10～30千米之间，平湖和海盐的基岩岸线长度小于10千米，而镇海、鄞州和龙湾的基岩岸线小于1千米。浙江省沙砾质岸线均发育在基岩岬角拥护的半开沿敞小海湾，类型单一，分布集中，其中象山县东部砂质岸线约9千米，苍南县砂质海岸总长超过13千米。上述两地的砂质岸线占浙江省沙砾质岸线总长的85%。另外，三门、路桥、温岭和玉环各有零星的沙质海岸分布。

浙江省滩涂资源较为丰富，海图0米线以上滩涂面积为2285.14平方千米，其中，分布于大陆沿岸的约为1853.48平方千米，分布于海岛四周的约为431.66平方千米。从滩涂资源类型分布上来看，主要是粉砂淤泥质滩，面积达2159.72平方千米，占到了总面积的94.5%；其次是沙砾滩和岩石滩，两者面积相差不大，分别是64.84平方千米和60.58平方千米，占总面积的2.8%和2.7%。从分布区域来看，宁波市滩涂面积最大，达到了744.68平方千米，占总面积的32.59%；其次是温州市，面积达到了656.07平方千米，占总面积的28.71%；台州市的滩涂面积也比较大，达到了460.13平方千米，占总面积的20.13%。三个市的滩涂面积之和占总面积的81.43%。其他地区的滩涂面积都较小，其中，杭州市滩涂面积最小，仅有11.20平方千米，占总面积的0.49%。

## 三、港口航运资源

深水岸线与港口资源。从深水岸资源的前沿水深情况来看，浙江省10米以上深水岸线分布于100多处，总长481.8千米。其中，前沿水深大于10米的深水岸线为212.4千米，占44.1%；前沿水深大于15米的深水岸线长度19.2千米，占4.0%；前沿水深大于20米的深水岸线为250.2千米，占51.9%。从沿海地市拥有深水岸线资源的情况来看，舟山市拥有深水岸线286.1千米，占浙江省总量的59.4%；其次是宁波市，拥有10米以上深水岸线102.7千米，占全省比例分别为6.5%、6.8%和6.0%。

航道资源。浙江沿海航道纵横交错，其中纵贯海区南北方向主航道有外航路、东航路、中航路和西航路，东西走向航路主要有宁波—舟山港、嘉兴港、台州港、温州港各港区进出港航路。浙江沿海岛屿众多，旅客运输发达，客运航线繁多。客运航线大多从主要岛屿辐射至周边岛屿，与沿海主要航路、进港航路之间存在交叉。最为典型的是宁波—舟山港核心港区航路与定海鸭蛋山至北仑白峰车客渡线，定海、沈家门至六横客运航线存在交叉。浙江沿海外航路、东航路、中航路穿越传统渔场，商船与渔船发生碰撞风险较大。东海渔场是我国著名的海洋捕捞作业渔区，渔场密布，且分布随鱼群洄游迁移，变化多端。特别是中日朝韩渔业协定全面生效后，大量渔船回缩，浙江沿海水域单位面积作业渔船数量大幅增加，鱼汛期间作业渔船分布非常集中。

锚地资源。锚地是指专供船舶（船队）在水上停泊及进行各种作业的水域，如装卸锚地、停泊锚地、避风锚地、饮水锚地及检疫锚地等。装卸锚地为船舶在水上过驳的作业锚地。停泊锚地包括到离港锚地、供船舶等待靠码头、候潮和编解队（河港）等用的锚地。避风锚地指供船舶躲避风浪时的锚地，小船避风须有良好的掩护。检疫锚地为外籍船舶到港后进行卫生检疫的锚地，有时也和引水、海关签证等共用。船舶在锚地停泊的方式有两种，即浮筒系泊和抛锚停泊。浮筒系泊又有单浮筒系泊和双浮筒系泊两种。抛锚停泊也有单锚停泊和多锚停泊等多种。船舶在锚地采用何种方式停泊取决于锚地设备条件、底质、风和水流的方向。浙江省主要锚地有嘉兴港区锚地、宁波—舟山港区锚地、台州港区锚地和温州港区锚地。

港口航运资源开发利用情况。浙江省沿海港口主要有宁波—舟山港、温州港、嘉兴港和台州港。其中，宁波—舟山港和温州港是全国沿海主要港口，台州港和嘉兴港是地区性重要港口。“十一五”期间，浙江省沿海港口新建成万吨级以上深水泊位 78 个，约为前 10 个“五年计划”建成万吨级级泊位数的总和。沿海港口建成北仑四期集装箱码头、岙山 30 万吨级原油码头、大榭 30 万吨级中燃料油码头、六横煤炭中转基地等一批大型化、专业化深水泊位，建成全国首条 30 万吨级航道——宁波—舟山港虾峙门口外航道。至 2010 年底，全省沿海港口拥有万吨级以上深水泊位 159 个。2010 年，全省沿海港口累计完成货物吞吐量 $7.84597\times10^{8}$t，累计完成旅客吞吐量 1066.3 万人。

## 四、近海矿场资源

近海海砂资源是指在 200m 水深以内的近海由地质作用形成具有经济意义的海沙富集物。可以根据海砂的产出形式、数量和质量，预期最终开采是技术上可行，经济上合理的。

海砂资源。浙江海域底质主要为粉砂、黏土的混合物。砂、砾石类粗碎屑沉积物主要分布在岛间的航门、水道内，少部分见于岛（流）影区和少数沙砾滩外侧水域。目前浙江海域的入海河流有长江、钱塘江、曹娥江、飞云江、鳌江、瓯江等，浙江省近岸海域主要河流年输沙量为长江 $46800\times10^4$ t，钱塘江 $437\times10^4$ t。全国入海总沙量每年近 $17.5\times10^8$ t，浙江省为 $0.13\times10^8$ t，每年入海沙量相当可观。入海泥沙粗粒物质（以细砂和粉砂为主）主要沉积在河口地区，形成沙岛和拦门沙，携带到其他地区的泥沙主要为细粒的粉砂和黏土，形成了如今表层分布的全新的世黏土质粉砂。岛屿地区地形狭窄，形成了各种水道和航门，使海水束骤，潮流强劲，流速加大，调流形成旋涡，产生湍流；从而对海底进行强烈的冲刷，形成冲刷槽和深潭，并不断加深，向下对地层进行强烈冲刷侵蚀，不断改造老地层。细粒物质随流带走，留下粗粒的物质，造成砾、砂的沉积。因此，浙江浅海沙砾主要分布在潮汐通道内，沙砾主要来源于就近的富含沙砾的老沉积体、地貌体。

## 五、近海植被资源

浙江省近海海洋区域气候温暖湿润，加之地形变化与海洋性季风气候的影响，植物种类相对丰富，共有维管植物 2000 多种，植被烈性相对复杂，除了生态效益较高的阔叶林（1005.2 平方千米）、针叶林（1226.2 平方千米）、竹林（135.4 平方千米）外，还分布着灌丛（227.7 平方千米）、草丛（175.9 平方千米）、木本栽培植被（451.0 平方千米）、草本栽培植被（1882.3 平方千米）等类型组成。

从植被组成上看，阔叶林、竹林、灌丛、草丛等大多为天然起源的植被，面积较小，约占总植被面积的 30%。其中，生态效益最高的阔叶林面积占区域植被面积比例也较小，仅为 24%，而灌丛、草丛等天然植被很难自然演替成为顶级群落，且阔叶林又极易因人为干扰，逆行演替为灌丛、草丛乃至裸地。相反，人工栽培植物类型如绝大部分针叶林、草本栽培植被等，所占比重巨大，超过海岸带植被总面积的 60%以上，且因生产生活的需要，这类植被的面积还在逐步增加。与同纬度大陆地区相比，浙江海岛植被在种类组成上具有显著的特点，一是建群种种类较贫乏，优势种相对明显，二是地带性植被建群种以青冈、红楠为代表，三是拥有滨海和海岛特有的优势种与伴生种。

## 六、海洋渔业资源

浙江渔场位于东海中北部，占据东海大部分海域，海域西部为广温、低盐的沿岸水系，东南部外海有高温高盐的黑潮暖流流过，其分支台湾暖流和对马暖流控制着浙江渔场大部分海域。北部有黄海深层冷水切入，三股水系相互交汇，饵料生物丰富。年渔场水温范围 5℃～29℃，海礁、大陈岛以东海域，周年水温在 12℃以上，具有热带、亚热带海洋性质。与海洋环境条件相适应的渔业资源区系特征为，多属暖温性和暖水性种，冷温性种较少，而且只分布在东北部海域，没有冷水性种类。渔业资源的组成有鱼类、甲壳类、头足类、贝类、藻类等，除贝类、藻类主要为沿海的养殖对象外，海洋捕捞主要为鱼类、甲壳类（虾、蟹类）和头足类三大类群。浙江渔场有鱼类 700 多种，但作为渔业主要捕捞对象只有 30 种至 40 种。近几年浙江省鱼类产量约 $200\times10^4$ t，占海洋总捕捞量的 65％左右，是海洋渔业资源中最重要的组成部分。鱼类资源的分布特征，按其生态属性，可分为沿岸种、近海种和外海种 3 个类型。

浙江渔场的渔业资源，在高强度的捕捞压力下，传统的主要经济鱼类资源衰退。自 20 世纪 80 年代以来，浙江相继开展了渔业结构调整，发展桁杆拖虾作业，开发了外海和南部海域新的虾蟹类资源和渔场，开发了单拖捕捞外海的头足类资源，发展灯光围网作业增加了鲐鲹鱼类的产量。同时自 90 年代中期恢复实施的伏季休渔制度，使传统的经济鱼类带鱼、小黄鱼、鲳鱼等资源数量有所增长，当前海洋渔业资源的主体是带鱼、小黄鱼、鲳鱼、鲐、鲹鱼、虾类、蟹类和头足类等种类，占海洋捕捞产量 70％。2006—2008 年，浙江渔场捕捞产量年平均超过 $290\times10^4$ t，捕捞功率年平均为 $341\times10^4$ kW，均处在历史较高水平，单位捕捞力量渔获量有所回升，为 0.85t，比历史最低年份 0.62t 增长 37％。但海洋渔业资源基础仍比较脆弱，表现为渔获组成小型化、低龄化、低值化严重。渔获量增长靠强化捕捞获得，带鱼、小黄鱼等经济鱼类处在生长型过度捕捞状态，主要经济鱼类生物学特征出现自身调节机制困难等状况，浙江渔场的渔业资源状况不容乐观。

## 七、海洋可再生能源

海洋可再生能源通常是指海洋中所特有的、依附于海水的可再生自然能源，如潮汐能和潮流能、波浪能、海流能、海水温差能及盐差能等。浙江沿海位于亚热带季风气候区，潮强流急，风大浪高，具有较丰富的潮汐能、潮流能、波浪能、盐差能以及风能等海洋能资源。海洋能源具有大面积、低密度、不稳定、可再生等特征。浙江省500kW以上的潮汐能电站站址有19个，蕴藏量为964.36 $\times 10^4$ kW，理论年发电量844.36 $\times 10^8$ kW·h；技术可开发装机容量856.85 $\times 10^4$ kW，年发电量37.5 $\times 10^8$ kW·h，居全国第二位。

浙江省具开发价值的潮流水道37条，蕴藏量519 $\times 10^4$ kW，开发利用条件居全国沿海省区第一位。

浙江省近海离岸20km区域内波浪能蕴藏量为196.79 $\times 10^4$ kW，理论年发电量172.39 $\times 10^8$ kW·h；技术可开发装机容量191.60 $\times 10^4$ kW，年发电量167.84 $\times 10^8$ kW·h，居全国各省排名第四位。

浙江省主要河流入海口盐差能蕴藏量为346 $\times 10^4$ kW，理论年发电量303 $\times 10^8$ kW·h；技术可开发装机容量34.6 $\times 10^4$ kW，年发电量15 $\times 10^8$ kW·h，居全国第四位。

浙江省风能资源总蕴藏量7550.0 $\times 10^4$ kW，居全国第6位，技术可开发量为5001.5 $\times 10^4$ kW，居全国第5位。

浙江省已有温岭江厦、玉环海山等潮汐电站在正常运行，已在舟山进行潮流能开发利用的实验，在大陈、嵊泗等处已经建立风力发电场，而波浪能使用目前仅限于航标灯供电。

## 八、滨海及海岛旅游资源

浙江沿海气候宜人，自然环境独特，汇集着山、海、崖、岛礁等多种自然景观和成千上万种海洋生物。同时，浙江沿海又是历史上开发最早的地区，历代劳动人民在这里留下了丰富的历史文化遗产。因此，浙江沿海的旅游资源兼有自然和人文、海域和陆域、古代和现代、观赏和品尝等多种类型，交相辉映，美不胜收。浙江沿海地区分布着舟山普陀（AAAAA 级）、嵊泗列岛 2 个国家级风景名胜区，舟山桃花岛等 5 个省级风景名胜区，此外，还有南麂列岛国家级海洋自然保护区。浙江主要海岛共有可供旅游开发的景区 450 余处。

浙江沿海 7 个城市的旅游资源单体总数达 13545 个，占全省总量的 3/4，是旅游资源最为集聚的区域。其中，宁波市、温州市、台州市和舟山市 4 个主要沿海城市旅游资源单体数量分别为 1900 个、3279 个、1782 个和 861 个，共为 7822 个，占浙江省 7 个沿海城市的 58%。

沿海 36 个城市，拥有各类单体 7332 个，占全省 34.7%，略低于全省平均数。宁波市、温州市、台州市和舟山市 4 个沿海重要城市拥有各类单体的数量分别为 1900 个、1979 个、1083 个和 861 个，共为 5823 个，是沿海 36 个沿海城市的 79.4%，占绝大多数。

浙江沿海地带旅游资源类型丰富，拥有所有 8 大主类，30 个亚类，141 个旅游资源基本类型，拥有的基本类型占全国旅游资源基本类型的 90%。

## 第二节　浙江省海洋功能区划基本概况

《浙江省海洋功能区划（2011—2020 年）》按照《全国海洋功能区划》和海洋功能区划分类体系和类型划分标准，依据全省沿海海域自然环境特点、自然资源优势和社会经济发展实际，将全省沿海海域划分为港口航运利用区、渔业资源利用区、矿产资源利用区、旅游区、海水资源利用区、海洋能利用区、海洋工程区、海洋保护区、特殊功能区和保留区等共 10 类，32 个二级类，共划出 293 个功能区。

## 一、港口航运利用区

港口区5个,分别是温州港口区、宁波港口区、舟山港口区、台州港口区、嘉兴港口区。嘉兴港区由独山、乍浦、海盐等3个港区组成,是杭州湾北岸唯一的出海通道,以服务嘉兴、湖州两市经济社会以及杭州湾北岸临港产业发展为主,是承担本地区所需能源、原材料运输和外贸物资近洋运输为主的地区性重要港口。宁波港口区由老港、镇海、北仑、大榭、穿山北、梅山等6个港区组成,是我国沿海20个主枢纽港之一和综合运输体系的重要枢纽,是上海国际航运中心的重要组成部分,是集装箱运输的干线港,是长江三角洲及长江沿岸地区工业发展所需能源、原材料及外贸物质运输的主要中转港。舟山港口区由定海、沈家门、老塘山、高亭、衢山、泗礁、洋山、绿华、六横、金塘、马岙等11个港区组成,是长江三角洲及长江沿岸工业发展所需能源、原材料及外贸物资运输的主要中转港,是以水水中转和工业港为特色的综合性港口,与宁波港一起成为上海国际航运中心集装箱枢纽港南翼的组成部分。台州港口区由海门、大麦屿、健跳等3个港区组成,是我国东南沿海重要的地区性综合性港。温州港口区由杨府山、龙湾、七里、灵昆、大小门、状元岙、乐清湾等7个港区组成,是我国沿海20个主枢纽港之一,是浙西南及赣东、皖南、闽北等地区经济发展及对外交往的重要口岸,是以能源、原材料等大宗散货和集装箱运输为主、多功能的综合性港口。

航道区10个,主要有嘉兴港航道区、宁波—舟山港海域航道区、定海海域航道区、嵊泗海域航道区、台州港航道区、温州港航道区等。嘉兴港航道区,进港航道有3条,分别为杭州湾南航道、杭州湾北航道和七姐妹航道,3条航道均能乘潮通航3—5万吨级船舶,船舶可根据不同航线,选择相应的进出航道;宁波—舟山港海域航道区的进港航道众多,主要有东、南、北三条航道,以及镇海港区和宁波老港区的进出通道。其中由外海经虾峙门水道、螺头水道、金塘水道后可直抵宁波港的东航道,是通航大型远洋船舶的理想通道；定海海域航道区含西侯门、金塘水道、菰次航门、册子水道、长白水道、髫果门水道、吉祥门水道等航道。其中金塘水道航道介于金塘岛与穿山半岛北侧之间，是各类船舶进出宁波、北仑、定海港区的安全通道；嵊泗海域航道区包括白节峡、绿华山水道、马迹、川湖列岛与徐公岛之间水道等航道。其中白节峡航道位于白节山与西南的川湖列岛之间，为往来南方与长江口的大中型船舶常用水道；台州港航道区包括健跳港区航道、椒江进港（口内、口外）航道、大麦屿港区航道等航道。其中大麦屿港区航道位于玉环岛南水域，过大岩头灯标进入乐清湾，沿岸线北上至大麦屿港区或乐清湾锚地，5 万吨级船舶无须候潮进出；温州港航道区自岐头外的青菱屿锚地到瓯江大桥以上 1 千米，分口内和口外航道两部分。瓯江口外航道为瓯江口岐头至青菱屿锚地的进港航道，瓯江口内航道为进瓯江口内驶向各港区的航道。

锚地区 5 个。其中各锚地区又包括若干个具体区块。区划范围内各主要港口根据海上交通运输需要和海域自然条件，均划有锚地。

临港产业区 5 个。浙江省临港产业发达，其中石化、能源、钢铁、造纸等在全国具有相当重要的地位。重点区域有杭州湾北岸临港产业区、北仑—镇海临港产业区、舟山临港产业区、台州临港产业区、温州临港产业区等。杭州湾北岸临港产业区位于杭州湾北岸平湖市和海盐县沿杭州湾狭长地带，依托嘉兴港和杭州湾跨海大桥，重点发展港口海运、进出口加工、精细化工、电力、新型建材等临港产业；北仑—镇海临港产业区位于宁波市北仑区和镇海区沿海区域，依托宁波港，重点发展大宗货物中转、国际集装箱运输、港口服务业、石化、钢铁、造纸、能源、船舶修造、汽车及零配件、储运中转、进出口加工等临港产业；舟山临港产业区位于舟山本岛、衢山岛、秀山岛、金塘岛和六横岛，依托舟山港，重点发展水水中转、船舶修造、水产品精深加工与贸易、能源等临港产业；台州临港产业区位于台州三门湾、台州湾、玉环岛等沿海地区，依托台州港，重点发展医药化工、能源、海洋生物工程、船舶修造、水产品精深加工与贸易等临港产业；温州临港产业区位于温州瓯江口两侧、洞头群岛及苍南、瑞安、平阳沿海等地，依托温州港，重点发展仓储中转、能源、进出口加工、精细化工、船舶修造、海洋新兴产业等临港产业。

## 二、渔业资源利用和保护区

渔港和渔业设施基地建设区 14 个。重点区域为舟山中心渔港、沈家门渔港、嵊泗中心渔港、椒江中心渔港、洞头中心渔港、温岭中心渔港、石浦渔港、巴艚渔港、健跳渔港等。

养殖区 21 个。宜养滩涂总面积约为 9.6 万公顷，滩涂养殖主要为毛蚶、文蛤、蛤蜊等贝类，浅海养殖主要为蟹类、鲍鱼、扇贝、黄鱼等海产品以及海带、裙带菜等经济藻类。重点区域有慈溪养殖区、象山港养殖区、三门湾养殖区、东清湾养殖区、苍南养殖区。慈溪养殖区位于慈溪市沿海地区，滩涂养殖为主，宜养滩涂面积约 8000 公顷。随着镇海石化产业的发展，慈溪养殖区需适时进行适当调整。象山港养殖区分布在象山港湾内，宜养总面积约 9200 公顷。三门湾养殖区分布在三门湾内，宜养总面积约 2.33 万公顷。乐清湾养殖区位于乐清湾及漩门湾沿海地区，宜养总面积约 2.05 万公顷。苍南养殖区位于苍南江南滩涂、大渔湾和沿浦湾，宜养总面积约 1.15 万公顷。

增殖区 10 个。重点区域为嵊泗绿华增殖区、渔山列岛增殖区、大陈列岛增殖区、南麂列岛增殖区、洞头东部海域人工鱼礁增殖区等。

捕捞区 8 个。重点区域为猫头渔场、嵊山渔场、岱衢渔场、大目渔场、大陈渔场、洞头渔场、南北麂渔场等。

重要渔业品种保护区 2 个，为杭州湾海洋渔业品种保护区和韭山列岛重要渔业品种保护区。

## 三、矿产资源利用区

油气区 4 个，即已在东海陆架上发现的平湖、春晓、残雪、断桥等4个油气田，此外还有玉泉、孤山、龙井、温东等地含油气构造。东海油气资源区主要位于浙江省海域内，是我国重要的海底油气资源富集区。

固体矿产区5个。重点区域为定海固体矿产区、普陀固体矿产区、岱山固体矿产区、嵊泗固体矿产区和洞头固体矿产区。要优先保护航道、锚地安全。

## 四、旅游区

风景旅游区18个。重点区域为南北湖、普陀山、嵊泗列岛、桃花岛、岱山、临海桃渚、洞头列岛、滨海—玉苍山、南北麂列岛等风景旅游区。

度假旅游区8个。重点区域为平湖九龙山、象山松兰山、瓯江等度假旅游区。

## 五、海水资源利用区

盐田区7个。重点区域为舟山中南部岛屿盐田区、舟山中西部岛屿盐田区、象山港北岸盐田区、大目洋沿岸盐田区、台州南部盐田区、台州北部盐田区、苍南盐田区，其中部分功能区又包括若干个小区块，总面积约7200公顷。

海水淡化利用区13个。重点区域为嵊泗海水淡化利用区、洞头海水淡化利用区、象山海水淡化利用区、乐清海水淡化利用区、玉环海水淡化利用区、平阳海水淡化利用区等。

## 六、海洋能利用区

潮汐能区5个。重点区域为江厦潮汐试验电站利用区、海山潮汐电站利用区，以及象山港潮汐能利用区、三门湾潮汐能利用区、南田岛湾潮汐能利用区，其中三门湾潮汐能利用区将建设成为我国最大的潮汐能电站。

潮流能区1个。即龟山水道潮流能区。舟山群岛占我国潮流能量的一半左右，开发潜力看好。

风能区 11 个。重点区域为嵊泗泗礁风能区、北仑笠山风能区、渔山岛风能区、大陈岛风能区、东矶岛风能区、中鹿岛风能区、北麂风能区、南麂风能区、洞头风能区、北关岛风能区、北龙风能区等，部分功能区又包括若干个风能利用小区。

## 七、工程用海区

海底管线区 15 个。重点区域为环球 FLAG 通信光缆中国东海段、中日海底通信光缆等国际通信光缆管道；东海油气田油气管道；宁波至嘉兴原油输送管道；宁波至舟山光缆、输点电缆和输水管道；上海至嵊泗、岱山通信光缆管道；温州海域输电电缆、通信光缆管线；台州海域输电电缆、通信光缆管线等。

石油平台区 4 个。重点区域为平湖石油平台区、春晓石油平台区、残雪石油平台区和断桥石油平台区。

围海造地区 18 个。其中部分造地区又包括若干小区块。围海造地要坚决遵循“科学、有序、适度、合理”的原则。重点区域：杭州湾北岸围海造地区，位于平湖金丝娘桥至海盐澉浦镇长山闸，该海涂为淤泥质粉沙土，涂地窄长，宽度在 1.5 公里以内。依托嘉兴港和杭州湾北岸临港工业区，将主要进行港口建设和临港产业开发。慈溪围海造地区位于慈溪杭州湾镇到镇海蟹浦的泥螺山一带，滩涂淤涨较快。依托杭州湾跨海大桥和宁波港，将成为宁波市重要的先进制造业基地和城市新区。镇海—北仑围海造地区从镇海蟹浦到北仑三山，现有滩涂资源丰富。依托宁波港和镇海—北仑临港工业区，将主要作为临港工业用地，特别是镇海电厂、北仑电厂灰库用地。金塘岛围海（促淤）造地区位于金塘岛东南和北部。随着金塘港区集装箱项目的建设，将主要作为港口建设及临港产业用地。大小洋山围海（促淤）造地区位于大小洋山岛东西两侧海域。随着舟山港洋山港区的建设，将主要用于港口建设、临港产业和城镇发展。温州浅滩围海造地区位于温州瓯江河口及两侧区域，是瓯江河口区域发育最为完整的滩涂资源。随着温州“一港三城”的建设，将主要用于港口建设、临港产业和城镇发展。苍南沿海围海造地区位于苍南沿海区域，滩涂资源发育良好。将主要用于临港产业和城镇发展。

海岸防护工程区5个。即杭州湾北岸海岸防护工程区、舟山海岸防护工程区、宁波沿海海岸防护工程区、台州沿海海岸防护工程区和温州沿海海岸防护工程区。

跨海桥梁区17个。重点区域有杭州湾公路大桥、东海大桥、舟山—宁波连岛工程、洞头半岛工程等。

## 八、海洋保护区

海洋和海岸自然生态保护区6个。其中，湿地保护区3个，即庵东湿地生态保护区、灵昆东滩湿地生态保护区和温州红树林湿地保护区；汇聚流生态保护区3个，即瓯江口汇聚流生态保护区、飞云江河口外汇聚流生态保护区和南麂列岛海域汇聚流生态保护区。

生物物种自然保护区9个。重点区域为舟山群岛珍稀与濒危动植物自然保护区、南麂列岛国家级海洋自然保护区、温州滩涂红树林保护区、北关岛珍稀与濒危植物自然保护区、三门珍稀与濒危植物自然保护区等。

自然遗迹和非生物自然保护区16个。其中，海防史迹保护区11个，重点为平湖乍浦炮台海防史迹保护区、永昌堡海防史迹保护区、临海桃渚城抗倭遗址海防史迹保护区等；自然遗迹保护区5个，重点为大长涂岛小沙河海滩型海滩岩自然保护区、象山大螺池沙堤型海滩岩自然保护区、洞头典型海蚀地貌保护区等。

海洋特别保护区4个。重点区域为象山港海洋特别保护区、马鞍列岛海洋特别保护区、王盘山海洋特别保护区和西门岛海洋特别保护区。

## 九、特殊利用区

科学研究试验区6个。重点区域为长江口—杭州湾海域研究试验区、核电厂及火电厂附近海域研究试验区、象山港海域科学研究试验区、南麂科学研究试验区等。

排污区20个。重点区域为平湖东片排污区、宁波市区排污区、温州市区中心片排污区、椒江排污区等。

倾倒区3个。重点区域为洋山倾倒区、南洋涂粉煤灰倾废区和鹿西岛海洋倾废区。

### 十、保留区

深水岸线资源保留区7个。其中部分功能区包括若干个具体深水岸段，重点区域为小衢山深水岸线资源保留区、石浦港深水岸线资源保留区等。

其他保留区9个。重点区域为平湖黄姑排涝区保留区、梅山岛外向型滨海工业基地保留区、嵊泗北部海域海底管线保留区、定海西堠门潮流能保留区等。

## 第三节　浙江海洋功能区划制度的发展与实施

海洋功能区是根据海域及海岛的自然资源条件、环境状况、地理区位、开发利用现状，并考虑国家或地区经济与社会持续发展的需要，所划定的具有最佳功能的区域。海洋功能区划是指按照海洋功能区的标准，并依据海洋资源条件、环境状况和地理位置等自然属性，结合海洋开发利用现状和社会发展需要等社会属性，合理界定海洋资源利用的主导功能和使用范围，将海域划分为不同类型的功能区。海洋功能区划的目的是为涉海部门、各沿海地区合理利用海洋和有效保护海洋提供科学依据，为海洋管理科学化、综合化、规范化和法制化提供基础，有利于促进合理开发和有效保护海洋资源，推动海洋经济发展，取得良好的经济、社会和生态环境效益，实现海洋资源可持续利用，加快海洋经济发展。2002年，《中华人民共和国海域使用管理法》明确了国家实行海洋功能区划制度，海域使用必须符合海洋功能区划。根据《中华人民共和国海域使用管理法》规定，养殖、盐业、交通、旅游等行业规划涉及海域使用的，应当符合海洋功能区划；沿海土地利用总体规划、城市规划、港口规划涉及海域使用的，应当与海洋功能区划相衔接。《海洋环境保护法》第47条："海洋工程建设项目必须符合海洋功能区划、海洋环境保护规划和国家有关环境保护标准，在可行性研究阶段，编报海洋环境影响报告书，由海洋行政主管部门核准，并报环境保护行政主管部门备案，接受环境保护行政主管部门监督。"海洋功能区划至此成为统筹海洋资源管理、进行海洋工程建设的重要依据，在我国海洋资源利用领域发挥了重要的作用。

## 一、浙江省海洋功能区划制度的历史沿革

1997至2001年，浙江省先后完成了省、市、县三级大比例尺海洋功能区划编制工作，由各级政府或人大批准实施。我国《海域使用管理法》施行后，浙江省于2004年6月启动了省级海洋功能区划编制工作，《浙江省海洋功能区划》于2006年10月获国务院批准，并于2007年公布实施；浙江省沿海25个市、县(市、区)级海洋功能区划编制于2005年上半年启动，至2009年全部完成。该规划的实施在海洋开发利用秩序的有效规范、海域资源的合理利用和优化配置、海洋生态环境保护及海洋经济发展等诸多方面都发挥了积极的促进作用。

2009年下半年，根据国家海洋局发布的《海洋功能区划管理规定》和《省级海洋功能区划修编技术要求》，浙江省对本省的海洋功能区划实施情况进行科学评估，取得了阶段性成果，同时完成了沿海宁波、舟山、台州等市及有关县(市、区)海洋功能区划的中期评估和修改工作。随着国家海洋局出台的《关于开展省级海洋功能区划修编工作的通知》(国海管字〔2009〕660号)下发实施，浙江省又及时启动了省级海洋功能区划又一轮修编工作。修编成果《浙江省海洋功能区划(2011—2020年)》于2011年11月19日通过了国家海洋局组织的技术审查。同时依据海洋功能区划，浙江省组织开展《浙江省海域使用规划》编制，规划布局，集约节约，合理有效利用海洋资源。这将为加快浙江省海洋经济发展示范区的规划

实施和舟山群岛新区建设奠定良好基础。浙江将全省海域划分成不同类型且具有特定主导功能或有一定功能顺序的海洋功能区。严格实行海洋功能区划制度，调整不符合海洋功能区划的用海项目，使海域开发利用基本符合海洋功能区划，控制近岸海域环境质量恶化的趋势，推进海洋经济稳步发展。

2012 年 10 月 10 日，国务院原则同意《浙江省海洋功能区划(2011—2020 年)》。通过实施《浙江省海洋功能区划》，到 2020 年，全省建设用围填海规模、围填海等改变海域自然属性的用海活动、主要污染物排海总量得到合理控制，渔业生产生活和现代化渔业发展得到保障，海洋生态环境质量明显改善，海洋可持续发展能力显著增强。浙江将不断完善海域管理的体制机制，严格执行项目用海预审、审批制度和围填海计划，健全海域使用权市场机制；坚持陆海统筹方针，切实加强海洋环境保护；加大海洋执法监察力度，规范海洋开发利用秩序。

浙江已经形成完善的海洋功能区划分流程。首先，进行了海洋开发保护现状与面临形势的分析，包括海洋自然资源和自然环境的评价、海洋开发利用现状的评价、海洋环境质量与保护状况的评价、国民经济和社会发展需求的预测等。其次，再根据指标法初步划定每个区域的所有功能类型。这一方法根据海洋功能区分类体系和指标体系，综合考虑海洋不同区域的自然属性、社会属性和环境保护要求划出各类具体的海洋功能区。再次，对于多功能区，利用综合分析法进行功能的分析比较，确定区域的主导功能。按照区划原则，结合海洋开发保护与面临的形势分析结果，综合考虑海域自然属性、社会属性和环境保护要求，协调各种用海关系，确定海洋功能区类型和功能的主次关系。最后，利用叠加法进行主导功能与开发现状和规划做比较，如果一致，则确立此功能区；如果不一致，但无根本矛盾，可保留开发现状，引导开发活动向主导功能方向发展；如果有根本矛盾，通过相关部门、行业、政府协调，调整开发现状和规划，形成海洋功能区划方案。这其中将所收集到的各类资料编绘成图件，并与已收集到的各种图件进行叠加，依据功能区划的原则进行比较分析。保留了合理的功能,更能够确定主导功能。

总的来看,海洋功能区划制度的发展是强化依法行政的重要保障,有助于政府部门有章可循,科学有效地划定海域的最佳功能区。同时,海洋功能区划有助于统筹海洋资源管理,防止出现错误投入、无序投入等现象。海洋资源管理包括港口岸线、海洋生物、矿产资源、海水化学、可再生能源等各类海洋自然资源的管理。

## 二、浙江海洋功能区划制度的实施

浙江省海洋功能区划工作开始于 1999 年底,在先行编制了杭州湾、三门湾、乐清湾和象山港等重点区域的海洋功能区划后,形成了《浙江省海洋功能区划》,并于 2001 年底经浙江省人民政府批准以文件发布实施。2006 年 10 月 24 日由国务院批复实施《浙江省海洋功能区划》,宁波、温州、台州、舟山和嘉兴 5 个地市,以及慈溪、乐清、温岭、定海和海盐等 20 个县(市、区)的海洋功能区划也于 2009 年 3 月底前由省政府批复实施。由于该《区划》存在一定缺陷,因而 2012 年 10 月 10 日,国务院原则同意《浙江省海洋功能区划(2011—2020 年)》,根据《中华人民共和国海域使用管理法》和国务院发布的《省级海洋功能区划审批办法》的相关要求,浙江与沿海市、县级海洋行政主管部门随即开展了省、市、县三级联动式的海洋功能区划的修编和报批工作。

浙江省较早实行海洋功能区划制度,并取得了不少成就。在 2006 年《浙江省海洋功能区划》的指导下,浙江省已经形成了"省级海洋功能区划以定性为主、定量为辅,注重引导性;市级海洋功能区划与省、市的涉海重点项目相协调,注重统筹性;县级海洋功能区划尽量详细化,定性定量相结合,注重可操作性"的省市县三级互为补充的海洋功能区划体系。但是 2006 年《浙江省海洋功能区划》存在一些缺陷。2012 年的《浙江省海洋功能区划(2011—2020 年)》在一些方面进行了改进。

### （一）厘清市县两级区划定位不清局面

从这几年的海洋功能区划实践看，浙江省虽然已经建立了省、市、县三级海洋功能区划体系，但还存在三级定位较难把握、内容交叉重复的问题，尤其是市与县的层级更难把握。

国家实行海洋功能区划层级体系，主要是为了使各级区划之间既有机联系又有所区别，并重点体现在从宏观要求到微观落实的系统思想。从国家级区划对国家重要资源开发利用方向的区域配置，到省级区划对重点海域的功能排序及重要功能区的划定，再到市县级区划对具体海域单元的功能定位，是一个下级体现上级要求、逐级细化落实的过程。从实践情况看，尽管这样的层级体系中国家级和省级区划之间没有多大的矛盾，但由于市级与县级的层级之间缺少明确的约束关系和控制手段，在实际执行中，浙江省已经形成了的“省级海洋功能区划以定性为主、定量为辅，注重引导性；市级海洋功能区划与省、市的涉海重点项目相协调，注重统筹性；县级海洋功能区划尽量详细化，定性定量相结合，注重可操作性”的省、市、县三级互为补充的海洋功能区划体系中，会出现市级区划与县级区划区分不开的问题。

在 2012 年《全国海洋功能区划》中，国家海洋局规定各省可将市县两级区划合并为一级编制，浙江省海洋与渔业局则要求只编制设区的市级海洋功能区划，不再编制县级海洋功能区划。这正是考虑到市县区划较难把握，为避免市成为行政区划范围内的县级区划的简单叠加，导致内容实质相同，防止上下级区划一致性判断上的机械化。设区市作为市级统筹主体，上承接省级海洋功能区划工作，同时直接指导下级县市的具体工作。这样操作既发挥了海洋功能区划制度的意义，使得设区市海洋功能区划有其权威性、约束性，也有助于发挥县级政府微观落实区划，落实涉海重点项目。

### （二）解决区划“规划化”以及区划、规划互相矛盾问题

从 2006 年《浙江海洋功能区划》编制情况看，区划编制过程中

尚存在着区划"规划化"与区划、规划互相矛盾现象。按照海洋功能区划与其他规划的关系，海洋功能区划是其他涉海规划的基础与依据，具有较强的科学性和客观性；而其他涉海规划是为了实现功能区划的目标进行的资源使用和环境管理的分阶段的空间和时间上的具体部署，也就是说应根据海洋功能区划制定各种海洋规划。但是从实际编制过程看，在目前海洋功能区划的编制与审批过程中，比较注重综合各个部门的相关规划。而如果区划仅仅被当作是一个综合协调各种使用需求规划的技术成果，便不能发挥区划的基础性作用。如，在区划编制过程中，为衔接相关规划，容易陷入区划"规划化"的误区，把各种规划的成果和内容直接搬到区划中来；或者照搬涉海行业规划的相关内容，将区域的海洋功能与用海项目产生一一对应关系。

另一方面，海岸带管理体系不完善和海岸带海陆管理权的分离，致使海岸带范围内的城市建设规划、海洋功能区划、旅游发展规划、环境保护规划等各类区划、规划还存在编制相互独立、协调较为困难的情况，从而容易出现区划、规划之间的不一致甚至相互矛盾的状况，也导致海陆之间的用海矛盾和行业之间的用海矛盾等。

对此，《浙江省海洋功能区划(2011—2020 年)》中要求：市县级海洋功能区划要加强与上级区划的衔接和同级规划的协调，准确定位并合理安排本地区海岸线保护与利用、海域海岸带整治修复等规划工作。海洋功能区划与上级区划衔接是落实整体规划，统筹利用海洋资源的必然要求，而与同级其他规划向协调则是增加了海洋功能区划的可操作性，减少区划、规划间的矛盾，有助于缓解不同利益主体间的用海矛盾。

### (三)功能分区体系进一步理清

海洋功能区划分类体系经过几年不断的改进与完善，越来越趋于科学与成熟，但仍存在不少技术性问题。首先，一套海洋功能区划分类体系与国家、省、市、县分级的海洋功能区划体系不符。

国家实行四级海洋功能区划，目的是更好地分层级细化实施海洋功能区划，科学管理海域，但由于四级海洋功能区划都使用一套海洋功能区划分类体系，则很难确保四级体系从宏观到微观的分级管理，这也是目前区划层级较难把握的原因之一。其次，快速推进的海洋开发类型超出海洋功能区划分类体系。随着科技的进步，海洋开发活动中的海域使用类型超出了海洋功能区划分类体系的范围，海洋功能区划与海洋开发功能之间存在不一致性，给项目用海的海洋功能区划符合性分析带来困难。

2012 年的《浙江省海洋功能区划(2011—2020 年)》针对各地可根据本地区实际情况突出专题性区划内容，针对存量围填海等重点区域和重点类型功能区，等等，进一步明确了相关管理目标和措施，纳入市县级海洋功能区划成果体系。这就在保证各级海洋功能区划分上一致的同时，为各地灵活划定相应功能区提供依据，避免了功能区划与现实需求的脱节，保障海洋功能区划制度服务社会经济发展。

(四)坚持编制部门的沟通协调

浙江省认识到海洋功能区划制度应当与国家主体功能区划制度相衔接协调，因而要求相关部门建立定期会晤制度，及时进行沟通，同时能够进行内部咨询调研和工作资料动态的交流。这要求政府建立区划资料的共享机制，以利于主体功能区划为后续细化的海洋功能区划提供最新资源、环境、生态等大区域的自然属性现状和评价资料，在此之外还提供社会、经济、交通等社会属性的现状和评价资料；另一方面海洋功能区划则应根据海洋部门的海洋基础数据和现场调研，及时为主体功能区划提供海洋自然属性等信息。浙江省也应注重建立区划实施的协调机制。在海洋功能区划制度和主体功能区两类区划实施的过程中，在实施区划部门构建协调机制，以解决在实施过程中遇到的相关问题，并且促成评估协调、修编协调。

通过几年的海洋功能区划制度的实践探索，浙江通过建立全省海洋功能区划体系，科学实践海洋功能区划制度，有效地规范了海洋开发利用秩序，较好地解决了各行业之间的用海矛盾，促进了海域资源的合理利用和优化配置，从而保护了海洋生态环境，推进了海洋经济发展。

首先，浙江海洋功能区划制度实施以来，各级海洋功能区划现已成为审批项目用海的主要依据，在海域使用管理工作中发挥了重要的引导和规范作用。各级海洋行政主管部门严格执行海洋功能区划制度，统筹安排养殖区和其他行业用海区，较好地解决了各行业用海之间矛盾突出的问题，在充分保障渔民用海需求的基础上，促进了海洋产业结构的调整、海域资源的合理利用和优化配置。按照规定，用海项目的审批登记必须依照海洋功能区划，一部分不符合或与区划存在一些矛盾的项目必须经过充分论证。这基本扭转了海域开发利用的盲目性，改变了以往海域使用的"无度、无序、无偿"的局面，形成了较为良好的海洋开发和管理秩序。截至 2010 年，浙江省政府及沿海市、县政府核发海域使用权证书 249 本，新增确权海域面积 4066.6 公顷；办理海域使用权抵押 121 本，抵押金额 30 亿元，有力保障了工业、交通、船舶、港口、能源等重大建设项目和重点行业的用海需求。

其次，浙江的海洋功能区划制度保护了海洋生态环境。海洋功能区划制度实施以来，浙江通过严格执行海洋功能区划中各类功能区对海水水质的要求，规范沿海与近岸的污染物排放标准，严格要求达标排放，做到既合理开发海洋资源，又防止、减轻和避免开发过程中影响损害周围环境和资源，保护生态环境免受破坏。同时，对现有不合理的开发利用和已被破坏的资源环境开展综合整治，逐步改善环境和恢复资源，促进生态环境的良性循环，使海洋资源的开发利用保持连续和稳定发展的状态。与此同时，浙江省通过在海洋功能区划中，对重要渔业品种保护区、海洋保护区、排污区、倾倒区的划定和实施，进一步加强了海洋生态保护，有利于恢复区域内海洋生态系统，控制海水养殖密度，实现浙江省海洋资源可持续利用。

总体上来讲，浙江省海洋功能区划制度对于海域使用管理起到了重要的作用。国家建立海域使用管理制度的目的是为了加强海洋综合管理，实现海域的合理开发和持续利用，维护国家海域所有权和海域使用者的合法使用权，其核心是海域使用审批和有偿使用制度。《中华人民共和国海域使用管理法》明确了海域使用的申请与审批、海域使用权、海域使用金等规定，并通过海洋功能区划管理实施。因此，海洋功能区划已成为海洋主管部门实施海域使用管理的重要手段，并在实践中初步显现出良好的效果。①

---

① 沈锋、傅金龙、周世锋：《海洋功能区划制度在浙江的实践与思考》，《海洋开发与管理》2010年第10期。

# 第三章 浙江海域使用管理①

## 第一节 浙江海域资源的分布

### 一、海域使用分类

海域使用分类体系是海域使用管理领域的基础性规范，是界定用海类型和用海方式的统一依据，对规范海域使用管理和相关技术工作，统一各环节海域使用数据口径，促进海域使用信息共享等具有重要的现实意义。《海域使用分类》将海域使用分成一级类和二级类的用海类型。即渔业用海、工业用海、交通运输用海、旅游娱乐用海、海底工程用海、排污倾倒用海、造地工程用海、特殊用海和其他用海 9 个一级类。其中渔业用海一级类中又分为渔业基础设施用海、围海养殖用海、开放式养殖用海、人工鱼礁用海 4 个二级类；工业用海分为盐业用海、固体矿产开采用海、油气开采用海、船舶工业用海、电力工业用海、海水综合利用用海、其他工业用海 7 个二级类；交通运输用海分为港口用海、航道用海、锚地用海、路桥用海 4 个二级类；旅游娱乐用海分为旅游基础设施用海、浴场用海、游乐场用海 3 个二级类；海底工程用海分为电缆管道用海、海底隧道用海、海底场馆用海 3 个二级类；排污倾倒用海分为污水达标排放用海、倾倒区用海 2 个二级类；造地工程用海分为城镇建设填海造地用海、农业填海造地用海、废弃物处置填海造地用海 3

① 本章数据来源于张海生主编的《浙江海洋环境资源基本现状》，海洋出版社 2013 年版。

个二级类；特殊用海分为科研教学用海、军事用海、海洋保护区用海 3 个二级类。

## 二、浙江省海域使用状况

### （一）浙江沿海各市海域使用概括

截至 2008 年 12 月 31 日，按照海域使用面积统计，宁波市居 5 市前列，用海面积为 457.9829 平方千米，占全省用海总面积的 11.4%，其次为温州市和舟山市，用海面积分别为 372.8662 平方千米和 333.1382 平方千米，占全省用海面积的 9.3%和 8.3%，台州市用海面积最小，仅为 16.6904 平方千米，占全省用海总面积的 0.4%。按照海域使用项目个数统计，5 市中宁波市、舟山市、台州市和温州市数量相当，依次为 1459 宗（个）、1469 宗（个）、1141 宗（个）和 1432 宗（个），分别占全省海域使用项目总数的 24.3%、24.5%、19.0%和 23.9%；嘉兴市用海项目个数较少，仅为 25 宗（个），仅占项目总数的 0.4%。从确权情况来看，舟山市确权率较高，确权项目数占舟山市总项目数的 77.1%；其次为宁波市，确权项目数占宁波市总项目数的 68.7%；台州市和嘉兴市确权率分别为 41.0%和 36.0%；温州市确权率最低，仅为 25.2%。

### （二）浙江省各类型用海概况

#### 1. 渔业用海

按照海域使用面积统计，开放式养殖用海面积最大，为 412.9717 平方千米，占渔业用海总面积的 55.6%；其次为围海养殖用海，用海面积 295.433 平方千米，所占比例为 39.7%；渔业基础设施用海和人工鱼礁用海次之，用海面积分别为 15.9996 平方千米和 19.014 平方千米，所占比例分别为 2.2%和 2.5%。

按照海域使用项目个数统计，围海养殖用海数量最多，为 1319 宗（个），占渔业用海总项目数的 49.4%；其次为开放式养殖用海，共 918 宗（个），所占比例为 34.4%；渔业基础设施用海次之，共有 419 宗（个），所占比例为 15.7%；人工鱼礁用海项目数相对较少，仅有15宗，所占比例为0.5%。

从确权情况来看，渔业用海中人工鱼礁用海共有15宗，均为确权项目，确权率为100%。其次为渔业基础设施用海，确权项目数为240宗，确权率为57.3%，未确权项目主要为群众渔港码头，由于建造时间较早，在海域法施行前已是既成事实，无法确定所有人，至今无法纳入海域管理，属历史遗留问题。开放式养殖用海的确权率居第三，所占比例为44.7%。围海养殖用海确权项目数相对较少，仅为49宗，确权率为3.7%。养殖用海未纳入海域管理的原因主要有以下几个方面，一是历史原因，大部分养殖用海仍以农业部颁发的养殖证进行管理，宁海县、三门湾和乐清湾内此类情况较多；二是河海界线存在争议，造成河口海域的养殖用海未能纳入海域管理，项目主要分布在杭州湾海域；三是海水养殖多数以村集体的形式统一管理，无法确权到户。

2.交通运输用海

按照海域使用面积统计港口用海面积最大为150.4459平方千米，占交通运输用海总面积的70.3%，其次为路桥用海，用海面积为42.894平方千米，所占比例为20.1%。

按照海域使用项目个数统计，港口用海数量最多，为631宗（个），占交通运输用海总项数的89.5%，其次为路桥用海数量最多，共有70宗（个），所占比例为9.9%。航道用海和锚地用海相对较少，皆为2宗用海。

从确权情况来看，因航道、锚地的公用海性质，已划分公用海类别中。已确权的2宗航道用海，2宗锚地用海均为洋山深水港区所有；港口用海权数目为349宗，占港口用海项目的55.3%，除河海界线存在争议的原因外，港口用海未确权的项目主要是一些公用码头、群众性码头及海域法实施前就已运营的码头；路桥用海的确权率较低，为38.6%，除河海界线问题，历史遗留问题外，还有一些未确权项目为单拱跨海桥，如温州市的洞头大桥、窄门大桥、灵昆大桥，台州市的健跳大桥，松们镇大桥，宁波市的铜瓦门大桥等。

3.工业用海

按照海域使用面积统计，其他工业用海的面积最大，为41.863平方千米，占工业用海总面积的43.5%。其次为船舶工业用海，用海面积为35.842平方千米，所占比例为37.2%。电力工业用海次之，用海面积为11.9381平方千米，所占比例为12.4%。海水综合利用用海和固体矿产开采用海的用海面积相对较小，用海面积所占比例均低于5%。盐业用海的用海面积最小，仅0.4875平方千米，占0.5%。

按照海域使用项目个数统计，其他工业用海数量最多，为821宗(个)，占工业用海总项目数的56.4%。其次为船舶工业用海，共有492宗(个)，所占比例为33.8%。固体矿产开采用海和电力工业用海相对较少，分别为85宗(个)和42宗(个)，所占比例分别为5.8%和2.9%。盐业用海和海水综合利用用海个数较少，占工业用海总项目数的比例均在1%以内。

从确权情况来看，其他工业用海和电力工业用海确权项目较多，确权项目数分别为36宗和712宗，确权率达85.7%和86.7%，未确权项目主要为历史遗留问题造成的既成事实。固体矿产开采用海和船舶工业用海次之，确权率分别为81.2%和79.1%，固体矿产开采用海项目具有一定的集体用海性质，无法确权到户，而船舶工业用海除历史遗留的原因外，部分项目海域使用权证过期，处于无人使用的废弃状态，虽然管理部门将其注销，但用海实际仍然存在；盐业用海和海水综合利用用海的确权率相对较低，为53.9%和50.0%，未确权原因主要是集体使用。

4.旅游娱乐用海

按照海域使用面积统计，旅游基础设施用海面积最大，为5.5664平方千米，占旅游娱乐用海总面积的77.2%。其次为浴场用海，用海面积为1.5936平方千米，所占比例为22.1%。游乐场用海的用海面积较小，用海面积为0.0469平方千米，所占比例仅为0.7%。

从确权情况来看，旅游娱乐用海中浴场用海的确权率最高，确权项目为27宗，确权率67.5%。游乐场用海居第三，确权率

66.7%。未确权项目主要为大面积的沙滩和旅游用海配套的小码头。

5. 海底工程用海

海底工程用海仅涉及1个二级类用海类型，为电缆管道用海。从确权情况来看，确权项目数为116宗，确权率为92.8%。未确权项目主要为海底污水管道、电缆登录点等用海。

6. 排污倾倒用海

按照海域使用面积统计，倾倒区用海的面积较大，用海面积为1.039平方千米；污水达标排放用海面积较小，用海面积为0.032平方千米。

按照海域使用项目个数统计，污水达标排放用海为4宗(个)；倾倒区用海项目仅为2个。排污倾倒用海项目较少的原因主要为，大部分污水排放用海企业未办理海域使用权证，用海数据难以收集汇总，无法确定项目总数和相应的用海面积。

7. 造地工程用海

按照海域使用面积统计，农业填海造地用海的面积最大，为192.8569平方千米，占造地工程用海总面积的67.5%。其次为城镇建设用海造地用海，用海面积为92.858平方千米，所占比例为32.5%。废弃物处置填海造地用海面积相对较小，为0.075平方千米，所占比例仅为0.03%。

按照海域使用项目个数统计，城镇建设填海造地用海数量较多，为73宗(个)，占造地工程用海总项目数的52.1%。其次为农业填海造地用海，共有66宗(个)，所占比例为47.1%。废弃物处置填海造地用海仅有1个，所占比例为0.7%。

从确权情况来看，造地工程用海中城镇建设填海造地用海的确权率较高，确权项目数为60宗，确权率为82.2%；农业填海造地用海项目确权率较低，确权项目数为17宗，确权率为25.8%。造地工程用海项目未确权的原因主要为河海界限有争议、海域法与地方相关法规对滩涂管理范围的规定不一致，从而造成部分海域滩涂管理存在矛盾。此类用海项目主要分布在宁波市的慈溪市、台州市的玉环县和温州市的龙湾区。用海面积较大的项目主要为慈溪市陆中湾闸西侧和四灶浦闸西侧围垦用海；玉环县漩门二期、三期围垦用海，龙湾区滨海、永兴等围垦用海。

8. 特殊用海

按照海域使用面积统计，海岸防护工程用海的面积最大，为19.8711平方千米，占特殊用海总面积的64.8%。其次为海洋保护区用海，用海面积为7.806平方千米，所占比例为25.5%。科研教学用海和军事用海面积相对较小，分别为2.2708平方千米和0.7006平方千米，所占比例为7.4%和2.3%。

按照海域使用项目个数统计，海岸防护工程用海数量较多，为256宗(个)，占特殊用海总项目数的70.1%，主要为排涝区、一线海塘迎潮面管理范围、水闸等用海项目。其次为军事用海，共有89宗(个)，所占比例为24.4%。科研教学用海和海洋保护区用海的用海个数较少，分别为13宗(个)和7宗(个)，所占比例为3.6%和1.9%。

从确权情况来看，特殊用海中海洋保护区用海均为防护工程用海；科研教学用海的确权率较高，为84.6%，确权项目数为11宗；其次为海岸防护工程用海，确权项目数为192宗，除已调查到的未确权项目，海岸防护工程项目还有很多未获得用海资料，主要为海堤及防洪水闸；军事用海的确权率较低，仅为1.1%，确权项目数为1宗，因军事管理的特殊性，大部分军事用海未划入海域管理范围。

## 第二节 浙江省重点海域分布及使用现状

依据《全国海洋功能区划》和浙江沿海海域地理状况、自然资源、自然环境特点以及开发利用的实际情况，浙江省共划出杭州湾海域、宁波—舟山海域、岱山—嵊泗海域、象山港海域、三门港海域、台州湾海域、乐清湾海域、瓯江口及洞头列岛海域、南北麂岛海域等九个全省重点海域。

## 一、杭州湾海域

杭州湾海域是钱塘江的入海口，西起嘉兴市澉浦—宁波市西三闸断面，东至扬子角—宁波市镇海角连线。湾海域外宽内窄，呈喇叭形，湾口宽约 95 千米，自口外向口内渐狭，到澉浦为 20 千米，海宁一带仅宽 3 千米；海底地形自湾口至乍浦地势平坦，从乍浦起，以 0.01%～0.2%的坡度向西提升，在钱塘江河口段形成长 130 千米、宽约 27 千米、厚约 20 千米的沙坎。杭州湾北岸为长江三角洲南缘，沿岸深槽发育，北侧金山卫—乍浦之间的沿岸海底有一巨大的冲刷槽，最深约 40 米，杭州湾南岸为宁绍平原，沿岸探底宽广。

杭州湾海域是多种海洋经济生物重要的繁殖洄游区，有着较为丰富的滩涂湿地和生态景观资源，也是宁波市、嘉兴市等经济发达地区重要的出海通道和临港产业建设区域。此海域在省级海洋功能区划中的功能定位主要为港口海运和临港产业，同时具有海洋旅游、滩涂养殖、围涂造地、原生湿地生态系统与自然历史遗迹保护等功能。杭州湾海域中又分为嘉兴港口区、杭州湾北岸临港产业区、杭州湾风景旅游区、慈溪围海造地区、慈溪养殖区和杭州湾重要渔业品种保护区等重点功能区。

杭州湾海域地形地貌具有北冲南淤的特点，北岸沿岸深槽发育，南岸沿岸滩地宽广。根据杭州湾海域所处的自然环境特点，杭州湾北岸主要为交通运输用海和工业用海，交通运输用海项目均位于嘉兴港内的港口码头，工业用海主要是与杭州湾北岸临港产业区发展相配套的企业专用码头。杭州湾北岸没有渔业用海，造地工程用海均位于嘉兴港及杭州湾北岸工业区，为城镇建设造地工程用海。杭州湾南岸主要为渔业用海和造地工程用海，广阔的滩涂资源为南岸围海造地创造了良好的基础条件，使得南岸的造地工程用海表现出规模过大、速度过快，滩涂资源开发利用与自然淤涨之间不平衡的趋势。杭州湾海域拥有目前世界上长度为第三的大桥——杭州湾跨海大桥。

## 二、宁波—舟山海域

海域从镇海区蟹浦镇到北仑区郭巨镇、舟山本岛及靠近宁波一侧的附近岛屿组成的海域，海岛众多，海岸线资源丰富，是我国岸线资源最优越的区域之一。宁波—舟山海域又划分为宁波港口区、北仑—镇海临港产业区、舟山港口区（定海港区、沈家门港区、老塘山港区、六横港区、金塘港区、马岙港区）、舟山临港产业区（舟山本岛及金塘岛、六岛区）、招宝山风景旅游区等重点功能区。鉴于宁波—舟山海域的特点，应更多地从全省乃至更高层次对海域深水岸线的利用做合理安排和分工，加强岸线资源的统筹规划和科学保护，适度控制工业占用深水岸线和后方腹地，为未来发展留下充裕空间，同时合理布局城市和临港产业，加强污染型产业的环境综合整治与城市空间布局的调整。

宁波—舟山海域的主要用海类型是工业用海及交通用海，集中分布于各港区，具有项目数量多、用海规模大的特点。造地工程多服务于临港产业和农业开发，为城市发展提供了空间资源；海底工程的建设实现了小岛通大岛，大岛通大陆的能源、信息互通网络全覆盖；渔业养殖多因地制宜，分布于滩涂资源较丰富的沿海地区。其中宁波市海域主要用海类型为造地工程用海、工业用海和交通运输用海。甬江口以南至穿山半岛、梅山岛等岸段为潮流深槽型海岸，其用海方式主要为交通运输用海中的港口码头，分属于甬江港区、镇海港区、北仑港区、大榭港区、穿山北港区、梅山港区。甬江口及其以北岸属淤涨型海岸，因其得天独厚的自然条件，及北仑—镇海—慈溪东部临港产业区的开发建设，分布有多个大型造地工程及工业用海项目。舟山市海域主要用海类型为渔业用海、造地工程用海、交通运输用海和工业用海。海岸线曲折绵长、水文环境适宜、饵料生物丰富，使本海域渔业用海发展具有较大优势，舟山本岛及邻近岛屿沿岸分布有众多规模各异的渔港和渔用码头等渔业基础设施，围海养殖主要位于六横岛的凉帽潭、台门海域。舟山临港产业区的发展促进了造地工程用海项目的开发。工业用海以船舶工业为主，主要是船舶建造、船舶修理为主的较为完整的船舶工业体系。舟山市是群岛城市，交通运输用海项目分属定海港区、沈家门港区、老塘山港区、六横港区、金塘港区和马岙港区的港口码头。

## 三、岱山—嵊泗海域

岱山—嵊泗海域抵触长江口南侧和杭州湾外侧，包括嵊泗列岛、岱山列岛和舟山本岛北部外侧群岛，是群岛型海域，为我国南北间重要的海域通道，区位条件十分优越。嵊泗列岛位于杭州湾以东，舟山群岛北侧海域。岛屿罗列，港湾众多，具有丰富的岸线资源及潮间带资源。海底地形由西北向东南倾斜，海域水深流顺，海域含沙量虽高，但不易落淤。本海域属于中等强潮海区，流速较大，有利于海域内深槽的长期稳定和维持，嵊泗列岛东南部海域的深水岸线处于冲淤相对平衡状态。岱山列岛位于舟山群岛北部与嵊泗列岛之间，北起衢山镇川湖列岛的下川山岛礁以北海域，南至秀山乡的青山岛礁以南海域，西至高亭镇七姊八妹列岛的长横山岛礁以西海域，东至长涂镇的小龟山岛礁以东海域。本海域群岛分布密集，皆为基岩岛。各大岛屿以西北部淤积最快，多为淤泥、泥沙质类型，东部以沙滩居多。因岛屿众多，渔业资源、海洋旅游资源和岸线资源丰富，该海域在省级海洋功能区划中的功能定位主要为海洋渔业、海洋旅游、港口航运和临港产业。重点功能区为：宁波—舟山港口区（包括高亭港区、衢山港区、泗礁港区、洋山港区和绿华港区）、舟山临港产业区（包括岱山、衢山和大小洋山临港产业区）、嵊山渔场、岱衢渔场、嵊泗列岛旅游风景区、岱山风景旅游区等。

岱山—嵊泗海域面积约为6345平方千米，海域使用面积约为763平方千米，海域使用率约为12.0%；海域利用面积约1886平方千米，海域利用率约为29.7%。岱山—嵊泗海域交通运输用海项目主要为港口码头，集中分布在各港区内，包括洋山港区及舟山泗礁、绿华山、高亭、衢山港区。海洋渔业是岱山—嵊泗海域海洋经济发展的基础产业。舟山渔场是我国著名的高产量渔场，是多种海洋经济鱼类繁育、生长的优良场所。本海域是舟山渔场的中心捕捞区之一，渔港用海规模较大，海洋渔业捕捞程度较高。除岱山中心渔港外，还有各种规模的渔港码头分布在嵊泗北部海域。由于拥有作为上海国际航运中心核心功能区的洋山港区，联动舟山港区的泗礁、绿华、高亭、衢山港区建设，使得本海域的海洋交通运输发展迅速，也带动了临港产业的发展。

岱山—嵊泗海域渔业及工业用海广泛分布于群岛近岸，项目数量多，但规模较小，是岱山县、嵊泗县经济发展的重要支柱产业；交通运输及造地工程用海集聚，以上海国际航运中心的洋山港为典型代表，其他港区尚处起步阶段；海底电缆管道以舟山岛—岱山岛—衢山岛—泗礁岛为主干线，并连接洋山、上海及各群岛岛屿。岱山群岛水深条件优越，拥有丰富的深水岸线资源，是全省重点船舶制造基地及港口区。其中，岱山船舶修造基地集中了本海域主要的船舶工业用海，项目用海规模较大；交通运输用海集中在高亭港区、衢山港区，多为客运及小型散货运码头；港区内另有为临港工业服务的企业专用码头，用海类型为工业用海；作为全省海洋捕捞业最发达的海域，海港建设是本海域主要的渔业用海类型之一。嵊泗列岛海域深水岸线资源丰富，海域水深流顺，适宜于深水港区建设。其中洋山深水港是全省最大的交通运输用海项目，为配合港区建设，本海域的围海造地工程也集中在洋山港区；渔港基础设施用海是本海域主要的渔业用海类型之一，工业用海主要分布于马迹山岛、泗礁临近海域，以企业专用码头为主。

## 四、象山港海域

象山港位于浙江北部沿海，北面紧靠杭州湾，南邻三门湾，东侧为舟山群岛，位于穿山半岛与象山半岛之间，是一个由东北向西南深入内陆的狭长形半封闭型海湾及理想的深水避风港，全港纵深 60 千米以上，水深一般为 10～15 米。象山港岸线曲折，海底地形复杂，由口门浅滩、潮汐通道和深槽区 3 个单元组成。口门浅滩地形明显隆起，口外岛屿附近冲刷槽发育，坡度陡峭，港口到中部西泽段倾斜平缓，西泽到港顶坡度较为陡峭；位于港底的黄墩港和铁港及位于中部的西沪港3个支港，形成潮汐通道；深槽区位于口门浅滩与潮汐通道之间的过渡地带，地貌单元以冲刷槽和深槽较发育为特征。来自长江的泥沙在潮流和波浪等水动力共同作用下，经口门向象山港内输运，成为象山港细颗粒物质的主要来源，但由于狭长形半封闭型海湾的性质，使悬浮泥沙向港内输运的数量并不大，以致象山港内水清沙少，水道和岸滩均处于稳定或微淤的状态。象山港海域是浙江省重要的鱼、虾、贝、藻类养殖基地和生态湿地，由于港身狭长，水体交换能力弱，海洋生态系统较为脆弱，在省级海洋功能区划中的功能定位主要为生态养殖、海洋旅游和湿地保护，同时具有一定的临港产业功能。

象山港海域面积约564平方千米，海域使用面积约为116平方千米，海域使用率约为20.6%；海域利用面积约204平方千米，海域利用率为36.1%。象山港是浙江省重要的海藻和贝类养殖基地，对虾、大黄鱼放流也已取得一定成效，重点养殖方式为围塘养殖、滩涂养殖和网箱养殖，以开放式养殖用海中的滩涂养殖为主，主要分布于象山港港顶、港北沿岸，港口及港南沿海基本无渔业用海，渔业用海呈连片区域性开发特征，用海分布较集中。2005年7月1日起，《宁波市象山港海洋环境和渔业资源保护条例》正式实施，主旨为保护和合理利用象山港海洋和渔业资源，促进港域经济和社会的可持续发展。根据该条例，禁止在象山港内新建、扩建污染环境的项目，禁止在横山至西泽连线以西的象山港海域新建、扩建修造船、排污口项目，同时对象山港内其他工程建设、养殖捕捞等用海活动提出了严格的管理要求。象山港海域的工业用海逐渐向环保型、集约型用海转变。

## 五、三门湾海域

三门湾位于浙东沿海海岸中段，是曲折度较大、地形复杂的封闭式海湾。北与象山岛相接，南邻台州湾，东与猫头洋毗邻，以金柒门—三门岛—牛头山的连线为界与东海相连，除石浦水道与外海相通外，三面环陆。湾内岛屿罗列，有大小岛屿130余个，湾口面向东海，湾内长多约为40千米，宽约10千米，低潮总面积约为390平方千米，平均水深约9米。三门湾海岸曲折，港湾纵横，风小浪缓，是鱼类产卵繁殖的良好场所。此外，海域内滩涂资源较多，生态环境保护较好，是浙江省重要的鱼、虾、贝、藻类养殖基地和生态湿地。三门湾海域在省级海洋功能区划中的功能定位主要为生态养殖、湿地保护、港口海运、临港产业和海洋旅游。重点功能区有三门湾养殖区、台州港口区（健跳港区）、石浦渔港区、台州临港产业区（牛头嘴及猫头山等地）、三门湾风景旅游区等。

三门湾海域面积约698平方千米，海域使用率约为24.9%；海域利用面积约为218平方千米，海域利用率约为31.2%。渔业用海是三门湾的主要用海类型，主要用海类型有开放式养殖用海、围海养殖用海和渔业基础设施用海，具有用海项目数量多、分布广、规模大的发展特征。三门湾内避风条件较好，湾内渔港众多，其中最为典型的是石浦渔港。石浦渔港位于宁波市象山县，呈东北西南走向，为月牙状封闭型港湾，是我国东南沿海著名的避风良港。开放式养殖用海是三门湾内渔业用海规模最大的用海类型，又以滩涂养殖为主。三门湾海域造地工程用海多为农业填海造地。淤泥舌状滩地为三门湾北侧的填海造地提供了有利资源条件。造地工程用海集中分布在宁海县下洋涂。石浦修造船基地、三门能源基地、三门修造船基地和三门石化基地4个临港产业区是本海域的重要临港产业发展区。船舶制造业蓬勃发展，整个海域在建的造船企业如果全部建成投产，将会形成600多万载重吨生产能力，年产值将达到上百亿元，将成为全省除舟山以外最重要的船舶制造基地。

## 六、台州湾海域

台州湾位于浙江省中部椒江口外，系古代断裂河谷的一部分，呈喇叭状。东西长约26千米，南北宽约12千米，喇叭口弧长约47

千米，平均水深约 3 米，平坦沙泥质湾底；外有台州列岛，东矶列岛为南北屏障，湾内有浙江中部最大港口——海门港，两岸为宽广的淤泥质滩涂。台州湾海域在省级海洋功能区划中的功能定位主要为临港产业、港口海运、海洋渔业和海洋旅游。重点功能区有台州临港产业区、台州港口区（海门港区）、椒江中心渔港区、大陈列岛增殖区、大陈岛及东矶列岛养殖区 、大陈岛森林公园风景旅游区等。

台州湾海域面积约 1342 平方千米，海域使用面积约 178 平方千米，海域使用率为 13.3%；海域利用面积约为 307 平方千米，海域利用率约为 22.9%。台州湾两岸宽广的淤泥质滩涂，为围海养殖提供了良好的资源条件，且具有连片开发的特点。台州湾北岸主要有北洋涂高涂养殖用海，南岸主要有台州浅滩围海养殖项目及高涂围海养殖项目。渔业基础设施用海项目主要为渔港码头，多位于椒江中心渔港区和大陈渔港区。其中，椒江中心渔港位于椒江北岸，自小园山东侧石油码头至华景河岸段；大陈渔港区位于大陈岛，是国家一级渔港，水产码头遍及每个岙口，可停泊众多渔船。椒江口的海门港是台州港的重要组成部分，以承担台州市主城区的生活、生产物资中小船运输为主，并发展旅游客运、城市观光、临港加工业和物流业，是主要为市区发展服务的综合性港区。海门港区岸线顺直，港域开阔。头门港位于台州湾头门岛海域，距大陆约 12 千米，具有建设港口的良好自然条件，可供建港的深水岸线长约 5 千米，通过连岛公路建设，可成为与大陆相连的近海岛港。

渔业养殖是台州湾海域主要的海洋开发利用活动，以围海养殖为主，具有规模大、连片开发的特点。椒江口集中了本海域大部分工业和交通运输用海项目，是台州港建设的核心功能区。工业用海以分布在椒江口近海口两岸的船舶工业为主，其次为电力工业；海门港是台州港的重要组成部分，分布着数十个集装箱码头、卸装码头和客货码头；渔业用海以围海养殖为主，成片分布于椒江口两岸，随着椒江口临港产业的发展，有转为工业填海造地的趋势;渔业基础设施用海主要为渔港码头,多分布于椒江中心渔港。台州列岛和东矶列岛海域渔业资源丰富,是浅海养殖、滩涂养殖的集中区域,同时有少量人工礁项目。其中台州列岛的大陈渔港是国家一级渔港,水产码头遍及每个岙口;上、下大陈列岛附近海域分布着大面积的网箱养殖和筏式养殖,以及人工渔礁用海;东矶列岛的东矶岛及小东矶岛拥有丰富潮间带滩涂资源,贝类养殖较为发达,头门岛在台州港总体规划中规划为综合性枢纽港区,将是台州港的核心港区。

## 七、乐清湾海域

乐清湾分属台州市和温州市,位于浙江南部瓯江入海口北侧,是深入内地的半封闭海湾,南北长约 47 千米,东西宽约 15 千米,湾内水深港阔,岛屿错列。沿岸有清江、白溪、水漾、灵溪、江夏等 30 余条大小溪流入湾内。湾内滩涂资源丰富,分为淤涨型或相对稳定型两类。其中,淤涨型滩涂主要位于乐清市东部黄华岐头至蒲岐打水湾,纵长约 24 千米,最宽约 5.5 千米。此处泥沙来源丰富,是乐清湾南口来沙和瓯江北口分支输入湾内泥沙的主要淤积场所,滩面逐渐淤高,岸线不断外推;湾北由于入湾泥沙量减少,滩涂趋于稳定。乐清湾水体容量较大,陆地山势与海岸平行,为陆域港湾小气候。湾内冬季温暖,春季气温回升早,沿岸地区气候条件优越。水质肥沃,饵料生物丰富,十分利于海水养殖,主要经济鱼类 20 余种,是浙江省蛏、蚶、牡蛎三大贝类的养殖基地和苗种基地。本海域在省级海洋功能区划中的功能定位主要为海洋渔业、港口海运、临港产业和湿地保护。重点功能区有乐清湾养殖区、台州港口区(大麦屿港区)、温州港口区(乐清湾港区)、台州临海产业区和温州临港山产业区(乐清湾部分)、海山及江厦潮汐能区、西门岛海洋特别保护区、乐清湾海洋风景旅游区等。

乐清湾海域面积约为 417 平方千米,海域使用面积为 212 平方千米,海域使用率约为 50.8%;海域利用面积约为 285 平方千米,海域利用率约为 68.3%。乐清湾的大麦屿渔港是国家二级渔港,港口条件较好，长期以来是玉环县渔船的避风良港，台风期和寒潮期大量渔船都在此锚泊、避风。目前，大麦屿渔港扩建工程已开工建设，工程的建设将初步改变避风锚地不足的情况，对保障渔民生命财产安全，促进渔业生产和经济持续发展具有重要意义。乐清湾海洋渔业资源丰富，是浙江省重点的海水养殖和苗种基地。海内滩涂资源丰富，土质肥沃，同时是水交换良好的隐蔽性海湾，水深、水温、盐度、营养物质和生物饵料均适合于鱼、虾、贝、藻类的生长，具有得天独厚的海水养殖条件。乐清湾海域造地工程用海规模不大，主要为瓯江口沿岸海域的农业填海造地，形成的土地多用于发展水产养殖业。大麦屿港区位于玉环岛西南乐清湾东岸，是台州市可建万吨级以上泊位的深水港址。该港区具有满足第五代以上集装箱船自由进出的资源优势。

渔业用海在乐清湾海域海洋开发利用中占主导地位，多集中于湾顶及湾中海域，沿岸均分布有规模各异的滩涂养殖和围海养殖，另有网箱养殖位于湾中水深条件适宜的海域；工业用海、造地工程用海和交通运输用海多分布于湾中及湾口水深条件较好的海域，具有成片开发的特性，其中湾口开发强度较大。湾顶滩涂资源丰富，涂质良好，是乐清湾内渔业用海最集中，开发规模最大的海域。用海类型单一，以滩涂养殖为主，另有少量的围海养殖存在。湾中海域以养殖用海为主，兼顾工业用海及造地工程用海。

## 八、瓯江口及洞头列岛海域

瓯江口以及洞头列岛海域位于温州市区沿海，区位条件优越，岛屿众多，海岸线较长，拥有丰富的港口、滩涂、渔业和旅游等得天独厚的资源。瓯江口是我国长江口、黄河口、珠江口、钱塘江口之后的又一大主要河口，与这些河口一样，亦是感潮河口，潮波进入浅海后，水深、地形不断变化加上径流的作用，浅海分潮由东向西、由湾口到湾顶递增。作为强潮河口，瓯江口具有潮差大、含沙量大、潮流动力作用强劲、滩槽变化频繁、边滩与深槽犬牙交错等特点，泥沙在强潮作用下，主要向南北扩散。瓯江口及洞头列岛海域有良好的建港条件，是实施温州中心城市东扩的战略重地。瓯江口及洞头列岛海域在省级海洋功能区划中的功能定位主要为港口海运、临港产业、海洋渔业和海洋旅游。重点功能区有温州港口区（不含乐清湾港区）、温州临港产业区、温州沿海围海造地区、洞头围海造地区、洞头半岛工程跨海桥梁区、洞头养殖区、洞头东部海域增殖区、洞头渔场、洞头列岛风景旅游区、洞头海岛珍稀与濒危植物自然保护区和典型海蚀地貌保护区等。

瓯江口及洞头列岛海域面积约1039平方千米，海域使用面积约为208.8784平方千米，海域使用率约为20.1%；海域利用面积约400平方千米，海域利用率约为38.4%。本海域渔业基础设施用海多集中在洞头中心渔港内，该渔港位于洞头南部黑牛湾海域，是国家一级渔港，是浙南地区最大规模的集渔船避风、水产品加工、流通、渔需物资补充及休闲渔业基地。养殖用海主要位于洞头县附近海域。洞头县渔业养殖规模较大，“两菜一箱”（羊栖菜、紫菜、深水网箱）特色明显。“温州浅滩”围涂工程是温州市建设规模较大的滩涂围垦工程。该项目位于龙湾区灵昆岛东侧与洞头县霓屿岛之间，由南、北两条围涂大堤构成，将灵昆岛与霓屿岛之间的高滩连成一片。瓯江口及洞头列岛的海洋产业发展，依托独特的海洋资源优势和轻工业产业基地，将构建“一轴、两环、两岛”的产业格局，打造具有较强竞争优势的新型临港产业集聚区，建设浙江海洋经济发展示范区。

瓯江口及洞头列岛海域渔业养殖用海以网箱养殖为主，充分利用了洞头列岛邻近海域的优质海水资源；工业用海以船舶工业为主，其次为石化产业，呈现出组团式开发的特征；造地工程用海项目较多，除利用近岸滩涂资源的围填海项目，还有大规模的连岛造地工程；交通运输用海以洞头“半岛”工程的诸多跨海桥梁为主，海域内深水岸线均有港区建设。瓯江口两侧主要为工业用海和交通运输用海。工业用海中用海面积较大的为船舶工业用海，主要分布于瓯江口北侧，已形成产业带；交通运输用海主要为港口码头，多位于乐清七里港镇的温州港七里港区和龙湾状元镇的温州港龙湾港区。造地工程用海主要位于瓯江出海口,“温州浅滩”围涂工程是温州市建设规模最大的滩涂围垦工程,位于瓯江南口的龙湾区滨海围垦,永兴围垦南,北片,天城围垦,丁山围垦一期等围涂工程,为温州瓯江新区发展提供了大量的土地空间。洞头列岛主要为渔业用海、工业用海,造地工程用海和交通运输用海。渔业基础设施用海以国家一级渔港洞头中心渔港为核心,养殖用海以“两菜一箱”为特色,养殖发展规模较大,主要分布于洞头岛、鹿西岛、大门岛附近海域;工业用海项目和围海造地工程项目包括大小门岛石化工业产业基地、状元岙深水港区、杨文三期物流基地、鹿西船舶修造基地等;交通运输用海主要为洞头五岛相连的交通基础建设工程,另外状元岙深水港区工程为区域性枢纽港的打造奠定了坚实的基础设施条件。

## 九、南、北麂列岛海域

南麂列岛和北麂列岛海域的海洋渔业资源和海洋旅游资源较为丰富,海洋生态保护较好,具有重要的海洋生态保护价值。北麂列岛位于浙江省东南沿海,北接洞头列岛之南,南与南麂列岛相邻,距大陆岸线约 50 千米。主要由北麂岛、大明甫岛、下岙岛、关老爷岛等 16 个岛屿组成。附近海域宽广,天然水深条件好,周边自然水深均在 20 米以上。浙江传统渔场之一的北麂渔场也位于该海域。南麂列岛位于浙江省平阳县鳌江口外约 56 千米的东海海面上,主要由南麂岛、竹屿、大小柴屿、上下鞍马岛等 52 个大小不等的岛屿组成。附近海域海洋生物资源丰富,有贝类 403 种,藻类 174 种,鱼类 397 种,贝类和藻类数量均占我国海洋贝藻类总数的 20%以上,被誉为“贝藻王国”。1990 年 9 月,经国务院批准,南麂列岛成为我国首批五个国家级海洋类型自然保护区,是我省唯一的国家级海洋自然保护区。其在海洋生态方面有着重要的研究价值,是海洋生物“南种北移,北种南移”的资源库,1998 年成为我国目前唯一纳入联合国教科文组织世界生物圈保护区网络的海洋类型自然保护区。2002 年被联合国开发计划署列为全球环境基金

"中国南部海域生物多样性保护示范区",成为一个以保护海洋生物多样性为目标,以海洋贝藻类及其生态环境为主要对象的特定海洋生态保护区。南、北麂列岛海域在省级海洋功能区划中的功能定位主要为海洋生态保护、海洋渔业和海洋旅游。重点功能区有南麂列岛国家级海洋自然保护区、南麂列岛海域汇聚流生态保护区、南北麂岛风景旅游区、南北麂渔场捕捞区、南麂列岛增殖区、南麂列岛养殖区等。

南、北麂列岛海域面积约为 611.0213 平方千米,海域使用面积约为 37.3391 平方千米,海域使用率约为 6.1%;海域利用面积约 100 平方千米,海域利用率约为 16.3%。南、北麂列岛海域的用海项目全部集中的南麂列岛周边,主要有南麂列岛人工鱼礁生态渔业建设和海珍品养殖基地建设的渔业用海,以及南麂列岛国家海洋自然保护区的海洋保护用海等。南麂列岛附近海域地理位置优越,生态环境良好,自然资源十分丰富,具有重要的保护价值和很大的开发潜力。南、北麂列岛海域的特殊用海为南麂列岛国家级海洋自然保护区。南麂列岛国家级海洋自然保护区是我国唯一的以海洋贝藻类及其生态环境为保护对象的海洋类型保护区,其贝藻类资源多样性、特异性的独特区系分布特征,有着重要的科研和学术价值。保护区实现三级分区管理,划分为核心保护区、缓冲区、实验区。其中,核心区位于大擂山、后麂山、稻挑山、小柴屿、上下鞍马岛及其南麂岛南部的距岸 200 米以内海域,包括龙船礁、虎屿、大沙岙等区域。核心保护区中的大擂岛以保护水仙花为主,下马鞍以保护藻类为主。

南、北麂列岛海域由于距离大陆较远,已被设为国家级海洋自然保护区等,南、北麂列岛海域的海洋开发活动以保护为主,除深水网箱养殖和具有养护性质的人工鱼礁,以及海洋特别保护区用海,本海域无其他类型的海洋开发活动。

用海项目在本海域的分布特点表现为:南麂列岛附近海域主要为渔业用海和特殊用海。南麂列岛附近渔业用海主要为海珍品及深水网箱养殖和人工鱼礁建设用海;南麂列岛为我国首批 5 个国家级海洋类型自然保护区，是我国唯一的国家级海洋自然保护区（贝藻类），在海洋生态方面有着重要的研究价值。北麂列岛附近海域宽广，天然水深条件好，但由于海岛远离大陆，岛上居民较少，渔业生产不发达。目前，当地政府正加强北麂避风港防浪堤、渔用码头的建设，并积极开展深水网箱养殖基地工程。

## 第三节 浙江省海域使用管理制度的发展

浙江省辽阔的海域为浙江省发展海洋经济提供了得天独厚的条件，但同时发展海洋经济，离不开对海域合理开发与规范。近年来，浙江省针对海域开发过程中所涉及的问题进行了诸多的探索，尤其是结合浙江海域的分布特点，陆续出台了各种规范制度，为海域的合理开发与管理提供了坚实的制度保障。

### 一、浙江省海域使用管理制度的概况

浙江省海域使用管理工作从 20 世纪 90 年代末起步，1998 年 4 月浙江省人民政府发布了《浙江省海域使用管理办法》，并于当年 5 月 1 日起施行，为规范海域使用提供了依据。“十五”时期，浙江省海域使用管理工作经历了艰难的发展阶段。

2003 年和 2004 年浙江省的海域使用管理为纳入管理阶段。这一阶段的目标和任务主要是实现已建用海项目全部完成登记确权，新用海项目按申请审批管理程序全部纳入管理；按规定征缴海域使用金，全面实行海域使用金减、免缴审批制度；完善海底电缆管道管理规定；全面启动海域行政区域勘界工作，营造良好的海域使用管理环境。

2005 年和 2006 年浙江省的海域使用管理为规范提高阶段。这一阶段的目标和任务主要是完成《浙江省海域使用管理条例》的起草工作，争取出台与《中华人民共和国海域使用管理法》相配套的地方性法规，健全海域管理法律制度，修改和完善确权审批等配套制度；修改《浙江省海域使用金征收管理办法》，进一步明确《中

华人民共和国海域使用管理法》规定的所有有偿使用项目海域使用金征收标准、使用范围和管理办法；2006 年，根据新形势下海洋管理的需要，浙江省人民政府重新修订并发布了《浙江省海域使用管理办法》；根据海洋开发的需要，适时组织修编各级海洋功能区划，进一步健全用海区划审核制度；建立行政审批与执法监察有机结合、紧密配合的工作机制；全面完成省内海域行政区域勘界工作，基本解决界限争议纠纷。

2007 年和 2008 年浙江省的海域使用管理为规范管理阶段。这一阶段主要制定了《浙江省海域使用权申请审批管理办法》《海域使用权登记备案管理办法》《浙江省海域使用论证管理办法》等配套文件，规范了海域使用申请审批各个环节的操作程序，海域使用管理配套制度日趋完善。加大了围填海项目和养殖用海的管理力度，海域使用论证制度、公示公告制度、现场踏勘制度、权属核查制度等海域使用管理程序中的主要环节都得到了较好的落实，海域使用金足额征收，海域使用竣工验收工作也已起步，海域使用管理逐步规范。海域使用动态监视监测管理系统正逐步成为重要技术支撑，现已经完成系统建设方案、实施方案的编制与上报，海域使用监控与指挥平台的建设，动态监管中心部分仪器设备的配置及省市两级基础数据库的建设等工作。海域使用动态监测管理系统建设全面展开。

2009 年和 2010 年是浙江省的海域使用管理工作得到快速发展的两年。海域使用论证制度、公示公告制度、现场踏勘制度、权属核查制度等海域使用管理程序中的主要环节都得到了较好的落实；审核审批程序的完善，进一步规范了海域使用管理工作，保证了海域使用审核审批中的集体决策、民主决策得到落实；海域使用管理工作在完善海洋功能区划、海域权属管理、海域有偿使用三项基本制度的基础上，逐步建立了项目用海管理、区域建设用海规划管理、区域农业围垦用海规划管理三种基本管理方式，同时建立了围填海计划管理制度；海域使用权的取得从过去行政审批的单一模式向市场化运作拓展，海域使用权市场运作有了较大进展，建设填海“招拍挂试点”取得成功，海域使用权抵押已经成为用海企业的重要融资渠道之一，海域使用权作为物权的价值得到了有效体现。

2011 年，浙江积极开展以围填海和养殖用海为重点的海域综合管理，印发《关于做好围填海 2011 年度计划指标管理工作的通知》，严格执行围填海计划管理制度。同时，进一步规范海域资源的市场化配置，出台《招标拍卖挂牌出让海域使用权管理办法》，建设项目海域使用权挂牌出让取得突破。另外，浙江还充分发挥海域使用动态监管中心技术优势，积极实施项目用海监管，开展区域用海规划和动态监视监测重点项目用海海域使用。

2012 年制定了《浙江省海域使用管理条例》，其在上位法基础上作了一些补充规定：一是要求统筹安排各有关行业用海面积，确定渔业养殖海域最低保有面积。由于海洋功能区限定了各功能区的活动范围，这势必会使得不同经济行为在利益上存在矛盾。渔业养殖业涉及众多渔民，关乎民生利益。近年来非法捕捞严重以及渔业资源枯萎，浙江省为了维护广大渔民长远利益，建立了基本养殖水域保护措施，并在用水、用电、用地等方面扩大优惠政策范围，培育了现代渔业加工流通体系。实现渔业振兴需要国家确保渔业养殖的最低保有面积，为渔业发展留出空间。二是要求确定生态保护海域保有面积和填海围海规模，划定可围区、限围区和禁围区。海洋是生命的摇篮和资源的宝库，更是大自然生态链的重要一环。近年来人类开发海洋资源的规模日益扩大，海洋污染日益严重。另外人类的活动范围扩大与陆域面积的有限性构成矛盾，人类的围海造陆规模越来越大。围垦必然改变海岸形态，降低海岸线的曲折度，危及红树林等生物资源，造成对海洋生态环境的破坏。海洋生物多样性的减少，是人类生存条件和生存环境恶化的一个信号，这一趋势目前还在加速发展的过程中。其影响不仅直接危及当代人的利益，更为主要的是会对后代人未来持续发展将造成积累性后果。因此，只有加强海洋生态环境的保护，才能真正实现海洋资源的可持续利用。三是要求沿海土地利用总体规划、城乡规划、港口规划和海洋功能区划衔接;海洋功能区划中已经明确填海造地的范围和规模纳入土地利用总体规划;养殖、盐业、交通、旅游、围垦等行业规划涉及海域使用的,要符合海洋功能区划。在我国,各行各业的发展都受到政府规划的影响,因此国家规划要符合科学合理原则。对于海洋资源的开发,要根据资源环境承载能力、现有开发密度和发展潜力来进行,也只有这样才能实现海洋经济的长远健康发展。

## 二、浙江省着力强化海域权属管理

浙江省海域权属管理工作紧紧围绕政府工作主线,主动为经济建设服务,逐渐得到了各级党委和政府的重视,管理环境得到了较大改善,管理空间得到了有效拓展,管理内涵不断丰富,管理程序进一步规范。

海域使用权申请审批。根据属地受理、海洋行政主管部门和人民政府逐级审查、报有批准权限的人民政府审批的原则与程序,在项目用海审查中,各级海洋行政主管部门要严格海洋功能区划制度,按照"三到场五清楚"的要求,做到论证项目选址时到场、确定界址时到场、项目竣工时到场,项目相邻关系清楚、界址清楚、用途清楚、使用期限清楚、使用金标准清楚。认真开展项目用海区域权属核查,实行项目所在地和省局网站公示,委托资质单位同步开展海籍测量,项目呈报时附上初审机关的实地踏勘报告,实行"两级用海审查"制度,用海批准后依法及时公告并登记造册,建立档案;全省建立并启用海域使用管理信息系统,初步实现全省沿海各地用海项目从申请受理到最后发证都在海域管理信息系统上完成,使整个海域使用管理工作程序都依法按规实行政务公开,阳光透明,接受监督。

海域使用权公开出让。作为《海域法》确定的海域使用确权形式之一的"招拍挂"出让,浙江省从 2002 年起就在宁海县、临海市等县(市)开展了浅海、滩涂养殖用海海域使用权公开出让工作;2007 年,专题开展海域使用权市场化运作调研,完成了《推进海域使用权市场化配置调研报告》，随后在温州瑞安市、洞头县、台州临海市等县（市）开展了建设项目用海海域使用权公开出让试点工作；2011 年初，根据出台实施的“招拍挂”管理规定，率先完成了四宗建设填海“招拍挂”海域使用权合同签约，开始全面推行海域使用权的公开出让。

海域使用权抵押。根据《中华人民共和国物权法》明确的海域使用权是用益物权的规定，浙江省海洋与渔业局积极与有关商业银行沟通协调，先后解决了部分项目用海的海域使用权抵押融资问题。2009 年，在省政府支持下，浙江省海洋与渔业局会同中国人民银行杭州中心支行开展了海域使用权抵押贷款工作调研，起草了调研报告和相关政策建议；2010 年，省政府办公厅下发了《关于开展海域使用权抵押贷款工作的意见》，明确了在全省范围内开展海域使用权抵押贷款工作。随后浙江省海洋与渔业局制定了《浙江省海域使用权抵押登记办法》，切实有效推进了海域使用权抵押工作，进一步提高了企业融资能力，拓展了其发展空间。

围填海规划计划管理。为了节约集约、科学利用海域资源，根据国家海洋局的指示精神，从 2006 年起，浙江省开展了淤涨型高涂围垦养殖用海管理试点示范和区域建设用海规划管理工作，先后制定了《淤涨型高涂围垦养殖用海管理试点工作实施办法》《淤涨型高涂围垦养殖用海项目规划编写大纲和要求》等一系列配套规定，率先在全国出台了《关于进一步加强区域用海规划管理的通知》，拟定了《浙江省围填海年度计划指标管理暂行办法》，明确了围填海规划管理规范、计划指标的使用方向和重点，向沿海市、县政府提出了对围填海实施规划计划管理的具体要求。为此，浙江省海洋与渔业局根据全省用海需求和指标使用情况每年召开两次专题会议，研究分析用海形势，梳理涉海项目，提出项目用海计划，合理调剂指标，保证了产业集聚区等重点项目的用海需求，支持了海洋经济建设，促进了海域资源集约节约利用，有效地保障了省委、省政府大力推行的产业集聚区建设。

凭海域使用权证书办理项目建设手续试点。为了更好地发挥海域使用权的用益物权作用，解决海上构筑物的产权管理问题，浙江省先后在乐清市、温州市和象山县开展了凭海域使用权证书办理项目建设手续试点工作，取得了成功；随后在全国率先分别下发了《乐清市关于依据〈海域使用权证书〉实施基本建设管理的实施意见（试行）》《温州市委市政府办公室关于开展依据海域使用权实施基本建设工作的通知》和《象山县海域建设开发试行办法》。2011 年，《中共浙江省委浙江省人民政府关于加快发展海洋经济的若干意见》明确提出了开展凭海域使用权证书办理项目建设手续试点工作的要求，沿海各市党委政府非常重视，要求有关部门加强研究、积极推进。

## 三、浙江省着力提升海域管理整体能力

全省 31 个沿海市、县（市、区）均设立了海洋行政主管部门，配备了海域管理人员，整个海域使用管理体系较为健全；浙江省海洋与渔业局内设海域管理处和规划利用处，负责海域和海岛管理工作。《海域法》施行后，全省每年以各种形式举办海域使用管理培训班，近年来，结合海域使用统计工作，以会带训，每年培训基层管理人员 70 余人次。

浙江省海域使用动态监管系统自 2007 年开始建设以来，省海域使用动态监管中心及五个沿海市中心按照国家海洋局的建设要求，落实办公场所、配备技术人员及购置软硬件设备，其中舟山、台州、温州等市中心经当地编委批准成立相应机构，省中心和舟山、宁波、温州等市中心都已具有省级颁布的丁级海洋测绘资质。其中宁波市中心于 2010 年 3 月新取得国家测绘局颁布的丁级海洋测绘资质。台州和嘉兴两市中心积极准备测绘资质申请的相关工作，温州市中心亦准备测绘资质的升级申请。自 2009 年开展系统业务化工作以来，省中心积极参与技术审核，切实服务海域使用审批环节；加强区域与重大项目用海的监视监测，实现海域使用管理静态向动态转变；率先在温州市推进县级终端建设，洞头县、龙湾区、乐清市完成县级终端专线联通，确保新批准海域确权数据及时

上报、整理、入库，为县级海洋行政主管部门的海域使用审批工作提供技术审核服务，提升基层动态监管能力；建立海域管理档案，加强海域权属信息管理；开展海籍调查，全面准确掌握海域使用现状。

结合浙江实际，省政府制定了《浙江省海域使用论证审查专家库管理办法》和《浙江省海域使用论证管理办法》，建立了省级海域使用论证专家库，并按期换届，及时调整，期间组织专家召开海域使用论证研讨会和公开评审会议，点评相关报告与评审要点，充分发挥了国家级、省级专家在海域使用论证报告审查中应有的作用。此外，加强对有关科研单位和院所的指导，帮助建立海域管理技术业务机构，全省现有 13 家海域使用论证资质单位、21 家海域使用测量资质单位。

综上，浙江海域使用管理工作有了长足进展，取得了明显成效，有许多经验值得认真总结。主要经验包括：一是始终坚持围绕省委省政府中心工作来谋划事业发展；二是始终坚持以改革创新的精神来推动海域管理；三是始终坚持把因地制宜、因势利导作为实际工作的基本原则；四是始终坚持把维护和实现民生民本利益作为海洋工作的出发点和落脚点。

# 第四章　浙江无居民海岛资源的开发利用与保护[①]

## 第一节　浙江无居民海岛资源的分布

海岛是我国海洋领土的重要组成部分，国家主权的象征。海岛又是特殊的海洋资源和环境的复合区域，是海洋生态系统的重要组成部分，其生物资源、旅游资源、港口资源等十分丰富，对我国经济走向世界具有重要的战略作用。无居民海岛是海洋国土的重要组成，在其周围有着丰富的海洋生物、港口、油气、矿产、海洋能、风能和海洋空间资源，这些资源是发展海洋经济的前提条件；无居民海岛是大陆的屏障，是捍卫国家海疆的门户和控制海上交通线及邻近海域的航空母舰；无居民海岛在《联合国海洋法公约》框架内领海海域面积约1550平方千米，专属经济区约43万平方千米，同时位于国境线上的一些无居民海岛或岛礁还是国家领海基线的基点。因此，无居民海岛不仅具有重要的海洋经济意义，也是国家海域划界等维护国家海洋权益的标志。

### 一、浙江无居民海岛资源的基本概况

浙江省岛屿数量居全国之首，共有面积在500平方米以上的海岛3601个，约占全国岛屿数量的40%，这些海岛东西成列，南北如链，面上呈群，不连续地分布在近海。浙江省海岛数量众多和分

---

①　本章数据来源于伍鹏《浙江无居民海岛价值体系与保护性开发研究》，经济科学出版社2014年版。

布区域广泛的特殊性，使浙江省拥有约6500千米的海岸线和约3.09万平方千米的内海海域及约1.15万平方千米的领海，并且港、渔、景、油、涂、海洋能等海洋资源富足。在浙江省众多的海岛中，大多为无人岛，即无常住人口的岛屿，又称无居民海岛。截至1992年底，全省有大于500平方米以上的无居民海岛2883个，约占全省海岛总数的94.2%。（以上数据来源于浙江省海洋与渔业局）

根据1995年出版的《浙江海岛资源综合调查与研究》显示，嘉兴市、宁波市、舟山市、台州市、温州市海域分布岛屿数量分别为29个、527个、1383个、687个、435个，相应海岛面积分别约为0.7平方千米、254.1平方千米、1256.7平方千米、271.5平方千米、157.4平方千米；若论单个海岛面积，5平方千米以上海岛共42个，面积不足0.01平方千米的海岛占总量62.46%。2008年浙江开展全省无居民海岛甄别调查，结果显示目前全省海岛总数为2878个，其中无居民海岛2639个，主要分布在宁波、舟山、温州三市海域。纳入《浙江省重要海岛开发利用与保护规划》的100个重要海岛之中，有居民海岛92个、无居民海岛8个，约占全省海岛总数的3.5%，分布于大陆近岸海域，以宁波—舟山近岸海域和岱山—嵊泗海域为主，分别隶属于宁波、舟山、台州、温州、嘉兴等五市，涉及17个沿海县(市、区)。这批重要海岛总面积(含玉环岛)约为1819平方千米，约占全省海岛总面积的96%；岛屿滩涂总面积约313平方千米，约占全省滩涂总面积的78%；岛屿岸线总长约2470千米，约占全省海岛岸线总长的53%。

## 二、浙江省无居民海岛的地理概况

浙江省无居民海岛虽数量众多(居全国首位)，但岛屿普遍较小，以陆域面积不足1.0平方千米的微型岛屿为主，岛均陆域面积仅0.029平方千米，岛均岸线长558米。其中，陆域面积在1.0平方千米以上的仅有3个，即大平岗岛、长峙岛和南山岛。以大平岗岛为最大，占无居民海岛总数的0.1%，其合计面积约为3.379平方千米，约占无居民海岛陆域总面积的 4.4%；而面积不足 0.01 平方千米的海岛有 1814 个，约占总数的 68.7%，其合计面积约为 4.96 平方千米，仅占无居民海岛陆域总面积的 6.4%。

浙江省现拥有面积 500 平方米以上的无居民海岛的 2639 个，分布于浙江沿海 5 地市、23 县（市、区）内，南北跨距约 377 千米，东西跨距约 268 千米。全省最东端的无居民海岛为舟山市的泰礁，最南端为温州市的横屿，最西端为温州市的南屿仔礁，最北端为舟山市的灯城礁。海岛分布上涉及范围较广，分布相对集中；多为列岛、群岛，呈现链状、群状形式；多在近岸浅海区域，与大陆和较大有居民海岛联系较为紧密。

### 三、浙江省无居民海岛的自然环境特点

陆海过渡性气候明显。沿海岛屿区属亚热带气候系统下的大陆气候向海洋系统转换的过渡性气候。温暖湿润、温变和缓、雨热同季、季节滞后、台风肆虐，灾害天气类型多、频率高。

海拔低、裸岩多、植被少。全市无居民海岛中，大多数的海拔高度不超过 100 米。裸岩地貌中小面积岛屿所占比例较大，基本无高等植物，少量长有茅草。部分面积较大的岛屿有灌木、松树生长，但总量不多。

海域生态环境堪忧。近年来，有毒赤潮生物种类逐年增加和有毒赤潮发生次数逐年上升，海洋污染事件经常发生，对近海岛链区域的海洋生物资源和水产增养殖业构成直接威胁和危害。每年因污染造成养殖水产品中毒死亡事故屡见不鲜，使本已衰退的天然渔业资源雪上加霜，造成了巨大的经济损失。

## 第二节　浙江无居民海岛资源的开发与利用

众多的无居民海岛是我国领土的重要组成部分，其具有的社会、经济、政治和军事价值是不可估量的。无居民海岛离开陆地，自然形成，岛屿及周围海域的资源和环境有很大的潜在价值，岛上

有良好的植被，可供鸟类、蛇类及其他珍稀动物栖息生存；有些无居民岛蕴藏着丰富的矿物，尤其是处于油气资源盆地的岛屿更被人们视为海上明珠；有些无居民岛屿是军事天然屏障，一旦启用将成为海上不沉落的阵地；有些岛屿位于领海前沿，成为维护海洋权益的重要标志。从战略意义上看，众多的无居民海岛是我国海洋可持续发展的重要基地。按《联合国海洋法公约》有关规定，海岛对于沿岸国的重要性已不局限于海岛自身经济、军事价值，而是直接关系到沿岸国管辖海域范围的划分、海洋法律制度和海洋权益的确立。可以说，无居民海岛是国防的前沿和海洋资源与环境的核心点，有着很高的权益、安全、资源和环境价值。

但是，无居民海岛与陆地相比也存在不少不利条件，如海岛土地资源、森林资源有限，淡水资源短缺，生态系统脆弱，自然灾害频繁；绝大多数无居民海岛之间海水相隔，交通不便，每个岛屿面积狭小，资源单一，长期无人定居，生产和生活条件很差。这些不利条件都是无居民海岛经济发展的制约，增加了开发利用海岛的难度。因此，以前国家对无居民海岛的投资很少，更多的是将其作为军事基地来建设和使用；后来国家才逐渐重视海岛的经济建设，但在全国各地都在提倡开放和加大招商引资的时候，国家出于各个方面的考虑还是限制招商引资，海岛的开放尤其是对外开放是有约束的；到目前为止仍不能实现全面的对外开放。这些规定不仅限制了无居民海岛的开发，而且有居民海岛的经济发展也受到限制，与邻近的大陆沿海地区相比差距很大，甚至被称为东部的"西部"。

## 一、无居民海岛资源的开发利用现状

浙江省的无居民海岛中只有少数岛屿已被开发。从目前的开发总体情况来看，在众多的开发利用活动中，大多数仅局限于粗放开发，单纯利用，开发的广度和深度普遍低下，开发层次不高，效益低下，开发的随意性、局限性、盲目性较大。其中，局部区域存在无序、无度、无偿的现象，自然资源遭受了严重破坏。管理上更为滞后，基本上处于无人管理的状态。目前浙江省无居民海岛资源开发形式主要体现在以下几个方面：

海洋渔业开发基地。星罗棋布的无居民海岛在为鱼类提供栖息、繁殖场所的同时，也为海洋渔业提供了基地。得益于良好的海域条件，有些无居民海岛成了海水（滩涂）养殖的基地。有些无居民海岛地处渔场中心或附近，鱼汛期间，各地渔民在岛上搭棚临时住宿，从事捕捞和加工活动。以舟山市为例，如嵊泗县的白礁、蝴蝶岛、大指头岛、小青山和庄海岛，普陀区的乌贼山、金钵盂，岱山县的小鱼山、菜花岛、治治山和西霍山等。

旅游业开发。浙江省东北方向海域不但海岛众多，而且环境幽静、山林景观诱人，是旅游、观光的好去处。有些无居民海岛，因紧靠旅游景区，风光独特，已经或将被开辟为旅游景点。如舟山市普陀区的后门山、悬鹁鸪山，嵊泗县的里小山，定海区的凤凰山，岱山县的山外山等。

设置航标、铁塔、桥墩。目前我省海岛与大陆、海岛与海岛之间的交通运输，海岛的基础设施建设并不完善，利用无居民海岛则更加便利。在某些周边无居民海岛上设置灯塔、灯桩、架设跨海电线铁塔、跨海大桥桥墩等，这对改善投资环境，发展海洋经济，保障航行安全起到了积极的作用。

其他开发利用活动。在众多的无居民海岛中，由于资源环境条件的不同，开发内容也各式各样。有些海岛自然环境、立体条件较好；有些离有人岛较近，附近居民上岛种植玉米、番薯、畜禽放养等农牧业开发活动；有些岛上石料资源丰富、质优，又有良好的航道、避风、区位等相关条件，被用来进行石料开采；有些海岛离城区较近，成为城市居民生活垃圾填埋处理场所；有些无居民海岛通过架桥成为临港工业生产基地；而有些则成为筑堤促淤、滩涂围垦、围海造地的支点或“靠山”。

## 二、无居民海岛资源开发利用的特点

基于浙江省无居民海岛资源本身的特点，无居民海岛的开发与利用也呈现出一些特点：

一是海岛数量众多，面积普遍较小。浙江省无居民海岛数量众多，分布广，大量岛屿离岸较近且集中分布，有利于岛屿开发利用；但由于岛屿面积普遍较小，配套设施接入环境较差，利用的工程投入相对较大。

二是环境总体较好，易受外界影响。浙江省内无居民海岛的自然环境具有5个方面特点，气象要素具有海陆过渡特征；海岛地质构造与浙东沿海地区基本一致；土壤和植被类型比较简单；海域环境要素受区域地理影响变化较大；海域地形地貌与地质环境受原始地形和水动力条件的制约明显。

三是发展潜力较大，水土制约明显。浙江省内无居民海岛拥有较为丰富的港口、旅游、生物、海洋能、风能资源，发展潜力较大，但淡水资源、土地资源不足的劣势也比较明显，加上海岛基础设施落后，开发利用的难度相对较大。

四是利用程度不高，方式较为粗放。浙江省内无居民海岛目前开发利用程度不高，可利用余地较大，但现状利用形式较为粗放，尤其是围填海工程占多数，对海岛资源环境的保护与海岛资源独特性的发挥力度不强，利用方式偏重经济效益，对社会效益和环境效益的考虑相对不够。

五是保护区建设效果明显，但任务依然繁重。依托海洋自然保护区和海洋特别保护区的建设，省内局部无居民海岛的生态环境与生物多样性得到较好的保护与改善，但总体上覆盖面还不够大，大量保护区外的海岛缺乏保护的手段与措施。此外，由于保护区相关配套政策环境建设还相对滞后，对区内无居民海岛保护的针对性和操作性还有待加强。

## 三、无居民海岛资源开发的制约因素

无居民海岛资源的综合利用是一个社会、经济、科学和技术发展的系统工程，以无居民海岛周围的科技水平、岛上的设施、社会和经济发展为基础。所有这些都对无居民海岛开发利用造成重要影响，无居民海岛绝大多数的开发利用需要依赖大陆，海岛的经济发展依赖于大陆和主要岛屿且独立存在。由于资金、技术和经济发展对大陆的依赖性较大，众多海岛的开发需依托大陆进行。无居民海岛开发利用的制约因素主要有：海岛分散，无规模效益，基础设施不能共享，运行和维护很困难。下面主要就基础设施方面展开来谈谈物质基础设施、社会经济条件和管理制度条件、基础技术数据等方面因素对无居民海岛开发利用的影响。

一是物质基础设施的制约。俗话说要致富先修路，就是指基础设施在经济开发中的重要地位，这个道理在无居民海岛上更显突出。上海岛难，岛上行也难，淡水、电力供应和交通成为无居民海岛开发利用的三大制约因素。在岛上，几乎没有任何的能源供应和通信设施，岛上的土地面积小，径流是短暂的，淡水资源十分有限，海水淡化的成本比陆地高。但由于海岛旅游的开发，淡水问题已经不是影响海岛开发的决定性因素。无居民海岛距离大陆或大岛很远，很难通过海底电缆解决小岛的电力供应问题，只能依靠小岛自身可再生能源的开发，解决海岛电力问题的最佳方案是以风能和太阳能发电为主，辅以柴油发电及其他可再生能源发电。无居民海岛上的交通问题分两个方面，一是交通码头和公路，二是交通工具。无居民海岛陆域面积小，决定了上岛的人数不多，因此交通工具的改善集中在小型、廉价、快捷、安全的水上交通工具上。此外，对于远离大陆的无居民海岛，交通运输的成本会加大。这对不同的开发项目的影响会有所不同。此外，通信基础设施投资大，维护费用高，为无居民海岛提供通信服务相当困难。

二是社会经济条件的制约。无居民海岛开发利用的社会经济基础主要取决于无居民海岛所处的区位经济发展状况、无居民海岛开发利用的技术水平、人们的文化观念和无居民海岛开发利用的劳动力。从区域经济发展状况角度，无居民海岛虽与大陆沿海地区一水相隔，但它们都与大陆相隔不远，部分无居民海岛处于沿海发达城市和其他沿海城镇的辐射或吸引范围内，沿海城镇及周围地区经济的发展对海岛经济发展有很大的带动作用，能够为海岛的经济开发利用创造有利的条件。开发技术水平方面，无居民海岛的开发利用与海洋科技发展相结合，海岛开发技术的进步对无居民海岛的保护与开发意义重大。人们的文化观念对无居民海岛的开发利用也有重要的影响，随着社会经济的发展，人们越来越重视环境污染对健康的影响，倾向于购买无污染的食品和到原始自然的环境中去旅游。这些观念的转变增加了对无居民海岛种植业、养殖业提供的商品和旅游服务的需求。无居民海岛提供的无污染商品和服务逐步得到人们的认可，无居民海岛产品和服务的高价格也为人所接受，从而使开发利用无居民海岛具有了经济效益。无居民海岛开发利用需要劳动投入，这些劳动并非只是体力劳动，更多的是脑力劳动或者管理型劳动。

三是管理制度条件的制约。无居民海岛开发利用的成本高、风险大、投资回收期长，如何使付出取得相应的回报，这种保障产权的制度安排对于无居民海岛的开发利用至关重要。无居民海岛产权安排和产权执行的保障无疑影响无居民海岛价值的开发。政府的管理体制对无居民海岛的保护与开发管理有重大影响，如果政府能制定出完善的无居民海岛保护开发政策，并提供一些优惠措施，在遇到问题时采取灵活有效的管理机制，无居民海岛的开发利用就能顺利进行；反之，僵化的政府管理体制，不重视投资者的权益，无居民海岛的开发与保护则非常困难。无居民海岛的建设需要大量资金，海岛上的资源少，难以形成大规模的产业，发展规模受限制，鼓励无居民海岛的合理开发利用需要制定一些特殊的政策措施。

四是基础技术数据的制约。家底不清、数据不全，技术落后是造成海域乱象的基本原因，也是造成目前南海岛礁维权困境的根本原因。改革开放前，我国的科技基础手段还比较落后，加之重陆轻海的思想意识普遍存在，所以涉及海岛方面的一些基础性数据的统计与调查等工作一直没有很好地全面展开。一直到 20 世纪 80 年代末，我国才第一次在全国范围内进行大规模、系统化的海洋勘察，但由于当时经济基础薄弱和科技水平较低，调查统计的手段和内容都不尽翔实，调查区域也不够全，还有很多偏远的无人居住的海岛没有被列入统计调查中，也不算严格意义上的无居民海岛的专项调查，所以统计的结果与实际出入相差还是比较明显的。改革开放以来，随着经济飞速发展，科技实力不断提高以及海洋意识的不断加强，在国家大力发展海洋经济的同时，无居民海岛的开发利用状况也发生了很大变化，为了更好地摸清我国海洋资源的现状，国家在2003年推出了“908专项”计划，主要是以综合调查和评估近海海洋状况为目的，这次大规模的调查评估是以海洋为主要调查对象，并不以海岛或者说无居民海岛为专项调查对象，所以更侧重于海岛周边海域资源、生态环境系统等方面的调查。由于无居民海岛数据不尽翔实，缺乏第一手数据与资料，有些海岛在开发利用过程中出现规划不科学、生态保护不到位等众多问题，不但不能充分实现无居民海岛的经济价值，还会导致海岛生态环境资源的严重损坏。为了弥补海岛基础数据资料的缺失，更好地服务国家海洋发展战略，2012年国家对全国海岛展开了专项综合调查工作，对全国无居民海岛的位置、海岸线、海拔高度、纬度、生态环境及各种海洋资源等基本自然地理数据进行了详尽的全方位的考察。

## 四、无居民海岛资源开发面临的问题

由于无居民海岛规划、立法和管理的滞后，我国海岛的建设与发展上存在不少问题，随着无居民海岛开发利用活动的逐渐增多，生态破坏问题也逐渐突出，浙江也不例外。

首先，无居民海岛开发的成本与风险高。宁波、舟山无居民海岛数量多，然而地处偏远，交通不便，面积较小，生态脆弱，淡水资源缺乏，无基础设施，开发利用成本较高。一是无居民海岛的开发利用需编制单岛可利用无居民海岛保护与利用规划、无居民海岛项目论证报告、无居民海岛开发利用方案，后二项需有资质单位编制，并需经过国家级专家的评审，成本较高。二是单岛开发利用无居民海岛需要基础设施配套，在开展管线路由勘测、海域使用论证、海洋环评、通航安全论证等基础上，铺设海底输电电缆、海底输水管道、建造专用码头等基础设施建设资金成本非常高。三是无居民海岛开发的风险非常大，对飓风、台风、海啸等的抵御能力较弱。我国无居民海岛使用金实行最低价制度，分为6等级，每个等级规定了15种收费标准。浙江最低的为6等农林用地，每年每公顷的价格仅为14元，而最贵的填海连岛开发每年每公顷则需要18万元。综合来说，用于土石开采、房屋建造等开发利用海岛使用金价格不菲。

其次，开发利用机制尚未完善。当前具备有《无居民海岛保护与利用管理规定》《海岛保护法》《无居民海岛使用金征收使用管理办法》等法律法规，但是审批环节众多，程序复杂，如国家海洋局《无居民海岛使用申请审批试行办法》规定凡涉及无居民海岛围海造地、筑堤连岛、开山采石等项目用岛及在特殊用途海岛上进行开发利用活动的，都需按规定报国家海洋局审核、国务院审批。申报项目层层上报，审批环节太多，报批项目的时间长，这给无居民海岛的开发利用和社会经济的发展造成了制约。宁波、舟山也曾出台相关地方规章，如宁波2005年出台了《宁波市无居民海岛管理条例》，2011年成立的象山县海洋产权交易中心等，但囿于省、市、县各级政府职责模糊，无法形成系统政策，相关配套政策一直未能完善，宁波、舟山乃至浙江全省无居民海岛开发至今仍没有取得实质性突破。

再者，无居民海岛开发利用缺乏综合评估与规划指引体系。2003年国家海洋局、民政部、总参谋部联合发布《无居民海岛保护与利用管理规定》之前，国家和浙江省开发、保护海岛资源基本无法可依，普遍存在着粗放开发、单纯利用、综合效益普遍低下等问题。海岛自然环境遭受严重破坏，一些无居民海岛甚至消失，这不仅严重破坏了海岛生态，甚至影响到了我国领海、专属经济区等的主权和安全。2003年发布《无居民海岛保护与利用管理规定》后，各地和个人纷纷申请开发海岛，缺乏统一规划和多头管理，海岛的使用权和承包权的审批混乱，出现较多问题。目前，各级管理部门对海岛的生态功能和国防功能认识仍然不足、保护意识薄弱，海岛开发层次不高、经济效益低下。这既因缺乏规章制度和科学规划的宏观指导，又因在海岛开发前大多未进行生态环境、社会影响等评估，缺乏科学研究与开发保护总体规划，规划实施监管等。

## 第三节　浙江无居民海岛资源管理制度的发展和实施

无居民海岛往往都是一个相对独立的地理单元，其生态环境较之大陆要脆弱得多。一旦造成破坏，其后果是十分严重的，要么是不能恢复，要么是几代人也难以恢复。因此，对无居民海岛资源的开发利用应当顾及海岛生态环境及资源的保护，全面考虑，统筹兼顾，更需要在制度上来规范无居民海岛的开发利用与保护。

### 一、无居民海岛资源管理制度的发展

2003 年 7 月 1 日起开始实施的《无居民海岛保护与利用管理规定》，这是我国第一部关于无居民海岛管理的国家制度。该管理规定第一次明确提出无居民海岛属于国家所有，国家实行无居民海岛功能区划、保护与利用规划等制度，该管理规定的目的是加强无居民海岛的管理，保护无居民海岛生态环境，维护国家海洋权益和国防安全，促进无居民海岛的合理利用。

2004 年 12 月 20 日，《宁波市无居民海岛管理条例》公布，自 2005 年 1 月 1 日起施行，其立法目的是加强无居民海岛管理，保护无居民海岛的自然资源和生态环境，合理利用无居民海岛。宁波海岸线漫长曲折，岛屿星罗棋布。据统计，全市共有大小岛屿 531 个，面积达 524 平方千米，其中 95％以上为无人居住海岛。作为我国首部无人海岛地方性法规的《宁波市无居民海岛管理条例》规定，允许单位或个人申请购买或承租无人海岛，各地县（市）区政府应当采取招标、拍卖或挂牌出让方式确认无居民海岛的利用人，使用权最高期限为 40 年至 50 年。获得使用权的单位或个人可以向

市或县(市)、区民政、海洋行政主管部门提出无居民海岛命名、更名的建议。申请利用无居民海岛应当具备利用项目符合无居民海岛的保护与利用规划,利用项目已通过环境影响评价,有无居民海岛保护与利用方案,有与利用规模相适应的资金,等等五个条件。此外,岛主还应妥善保护海岛及其周围海域的生态环境,不得破坏海岛的自然历史遗迹、自然景观或擅自改变海岛的地形、岸滩;禁止烧山、烧荒或挖礁,禁止将生活垃圾等固体废弃物运入岛内等。

2005 年 4 月,浙江省政府发出《关于加强无居民海岛管理工作的通知》,要求加强管理,保护无居民海岛自然资源和生态环境;并明确今后无居民海岛开发利用项目应向县级政府申请,经市级政府审核同意后报省政府批准,将无居民海岛开发利用审批权由县(市、区)级提升到省级。

2007 年 9 月浙江省政府下发《关于进一步加强无居民海岛管理工作的通知》,要求各地完善无居民海岛保护与利用项目的审批机制;在沿海各县(市、区)无居民海岛的保护与利用规划制定、批准实施前,暂停无居民海岛开发利用项目的审批。

2011 年 9 月,浙江省政府就关于象山县列为省海洋综合开发与保护试验区一事做出批复:浙江省第一个海洋综合开发与保护试验区落户象山。2012 年 7 月,《浙江象山海洋综合开发与保护试验区规划》获浙江省政府批准同意,这标志着浙江省第一个海洋综合开发与保护试验区的开发建设正式拉开帷幕。按照该规划要求,象山海洋综合开发与保护试验区将着力构建"一核、两港、三区、多岛"空间总体布局框架。据悉,该规划范围包括象山全部陆域和海域,规划期限为 2011—2020 年,重点为"十二五"时期。

2011 年 10 月,《浙江省无居民海岛保护与利用规划》文本公布。其制定依据是我国《海岛保护法》和浙江省《关于进一步加强无居民海岛管理工作的通知》(浙政函〔2007〕106 号)等现行的国家法律法规和标准的有关规定。其目的是落实国家建设海洋强国的总体要求,服务浙江省打造海洋经济强省、建设海洋经济发展示范区的需要,进一步巩固无居民海岛的战略地位与法律地位,保障国家权益与国防安全，维护浙江省内无居民海岛及其周边海域的生态平衡，推动无居民海岛资源的可持续利用和实现无居民海岛的规范化管理。

我国在《海岛保护法》实施后，认真总结国内外海岛开发与保护经验，基本完成了海岛开发与保护的政策、规划和制度建设，明确了海岛开发利用的申请审批程序，为把无居民海岛开发建设纳入法制轨道创造了条件。2011 年 9 月，依据我国《海岛保护法》《无居民海岛使用申请审批试行办法》等法律法规，浙江省象山县人民政府批准了旦门山岛的保护与利用规划。2011 年 11 月，浙江省人民政府批复同意了该岛的用岛申请；全国首个无居民海岛使用权证书颁发给了开发旦门山岛的企业。该岛的使用金为 344 万元，使用年限为 50 年。首个无居民海岛使用权证书的颁发，标志着我国海岛开发和依法用岛的开始，也为今后其他无居民海岛开发项目的依法实施提供了经验。无居民海岛作为国家重要的自然资源，业主在开发海岛的同时，必须肩负起保护海岛的责任。对于在海岛使用过程中造成的破坏，业主有义务对海岛生态进行整治修复。

2011 年 11 月 11 日，专业从事游艇俱乐部、度假酒店及旅游地产项目投资开发的宁波高宝投资有限公司最终以 2000 万元拍下了无居民海岛——大羊屿岛。按照象山县海洋与渔业局日前发布的无居民海岛使用权拍卖出让公告规划要求，大羊屿岛的利用功能定位是以游艇业为主的高端休闲度假岛，出让年限为 50 年。

2012 年 1 月 29 日，浙江省政府批准同意将温州市洞头县列为浙江省海岛综合开发与保护试验区。这是浙江省首个获准设立的海岛综合开发与保护试验区。浙江省政府在《关于将洞头县列为浙江省海岛综合开发与保护试验区的批复》（浙政函〔2012〕18 号）中指出，洞头县是我国大陆沿海 12 个海岛县之一，海洋资源丰富、岛屿数量众多、区位优势明显、生态环境良好、基础设施日趋完善，具备海洋经济发展的良好条件。建设洞头海岛综合开发与保护试验区，有利于推动浙江海洋经济发展示范区建设，有利于推动浙江省海洋海岛生态保护，有利于为浙江省海岛开发开放提供示范经验。批复指出，洞头海岛综合开发与保护试验区建设要深入贯彻落实科学发展观，继续全面实施“八八战略”和“创业富民、创新强省”总战略，突出科学发展主题和加快转变经济发展方式主线，以深化改革为动力，加强体制机制创新，加快发展现代海洋产业，加大海洋生态保护，努力建成浙江省海岛综合开发利用先行区、海岛生态保护示范区、滨海旅游试验区和对台经贸合作区，打造浙江海洋经济发展示范区南翼的海岛新城。批复要求，温州市政府要切实加强对洞头海岛综合开发与保护试验区建设的组织领导，明确工作分工，健全工作机制，加大支持力度。要在省有关部门的指导下，抓紧组织编制洞头海岛综合开发与保护试验区规划并报省政府审批，制定相关配套政策，优化空间发展布局，明确产业发展方向，合理确定重点建设项目，有序推进海岛综合开发与保护试验区建设。

无居民海岛作为海洋经济发展的重要战略依托，其开发力度正在不断加大，但是涉及无居民海岛管理的相关法律制度尚不健全。为了有效改善浙江省无居民海岛开发利用的无序状态，以及保护海岛及其周边海域生态系统免遭破坏，浙江省很有必要进一步加强对无居民海岛开发利用行为的规范管理。2013 年 2 月 28 日，浙江省政府第三次常务会议审议通过《浙江省无居民海岛开发利用管理办法》，这是全国首个规范无居民海岛开发利用活动的省级政府规章，也是浙江省在我国《海岛保护法》框架下，对无居民海岛管理工作的立法探索，标志着浙江省在无居民海岛开发利用管理的制度设计上已经走在了全国前列。该办法以“科学规划、保护优先、合理开发、永续利用”为原则，分别从保护和利用规划、开发利用申请审批和招拍挂程序、使用期限、使用权登记发证和流转等方面对无居民海岛的开发利用活动做了规定。该《办法》的实施，进一步促进了浙江省海洋经济发展，规范了浙江省无居民海岛开发利用行为，保护了无居民海岛及其周边海域生态环境，保障了无居民海岛使用权人的合法利益。

在此基础上，2013 年 6 月，浙江省为了加强无居民海岛权属管理，保障无居民海岛使用权人和他项权利人的合法权益，结合浙江省实际制定了《浙江省无居民海岛使用权登记管理暂行办法》，依据此办法依法登记的无居民海岛使用权和他项权利受法律保护，任何单位和个人不得侵犯。2013 年 6 月，为了更好地规范无居民海岛使用权出让行为，维护国家对无居民海岛的所有权和无居民海岛使用权人的合法权益，完善公开、公平、公正的无居民海岛使用制度体系，浙江省出台《浙江省无居民海岛使用权招标拍卖挂牌出让管理暂行办法》。同时，为了加强无居民海岛使用管理，规范无居民海岛使用申请审批程序，制定了《浙江省无居民海岛使用审批管理暂行办法》，以制度的形式保证无居民海岛开发利用的"科学规划、保护优先、合理开发、永续利用"原则的落实。

此外，浙江省海洋与渔业管理局结合浙江无居民海岛开发与利用的现状，将省内现有无居民海岛资源分为保护类海岛、保留类海岛、利用类海岛三个层次分别进行管理规划。

针对保护类海岛，一是贯彻执行国家有关海岛、海洋环境、海洋自然保护区、海洋特别保护区、领海基点等法律法规和方针政策，严格保护海岛及其周边海域内的海洋生物资源和非生物资源。不得擅自移动、搬迁或破坏界碑、标志物及保护设施；实行限量采捕措施，不得非法捕捞、采集海洋生物；不得非法采石、挖沙、开采矿藏；不得从事其他任何有损保护对象及自然环境和资源的行为。二是加强对保护类无居民海岛的巡航执法检查和动态监管力度。定期组织开展基础调查和经常性监测、监视工作，及时掌握海岛生态系统和生物多样性变化趋势；积极开展保护范围内受损的动植物群落以及具有重要生态功能的沙滩、泥滩、礁石滩进行生态修复。三是领海基点以及领海基线附近的无居民海岛，具有特殊海洋权益与国防主权价值，需严格执行国家《领海及毗连区法》和《海岛保护法》的相关规定要求，予以严格保护；在其周围 1 千米范围内的区域，除可以进行有利于领海基点保护的工程建设外，禁止其他一切非相关活动。四是在加强科学论证和审批基础上，可允许对保护类无居民海岛开展有限、适度的垂钓、科考、非登岛旅游等低强度、低干扰性活动；具体开展的活动在下级层次的地市、县（市、区）级无居民海岛保护与利用规划中予以确定，其活动区域和活动内容需经相关审批机关核准后方可进行，严禁开展与保护功能不一致的活动行为；开展的活动必须采取有效措施，防止损害保护对象。相关审批机关及其审批权限，应根据《海岛保护法》及其他相关法律、法规予以确定。

针对保留类海岛，一是列入保留类的无居民海岛，应加强对海岛原生态系统进行保护，最大限度地减少对海岛地形、岸滩、植被以及海洋生态环境的破坏，尤其是对部分岸线侵蚀和水土流失严重的岛屿，要及时采取水土流失防治与生态修复等保护措施，避免海岛的自然消失。二是未经许可，禁止在保留类海岛上进行与自然保护无关的建设项目，如采石、挖砂、取土、耕作、狩猎、砍伐、开垦、围垦、饲养、养殖、兴建建筑物和构筑物，以及其他损害海岛地形、地貌等自然生态的活动。三是确需在此类海岛上进行开发利用活动的，需进行海岛生态影响论证基础，若符合该岛屿所处岛群的整体发展要求，可对相关市、县级无居民海岛保护与利用规划进行调整，经相关程序审核同意后方可批准实施。四是应加强对保留类无居民海岛监管力度，积极开展定期和不定期巡航、检查，避免非法开发利用，防止生态破坏；在条件许可的情况下，积极推动海岛生态修复工程建设。

针对利用类海岛，一是应实行无居民海岛开发利用的许可证制度，单位和个人需开发利用无居民海岛资源的，须根据《海岛保护法》及其他相关法律、法规所确定的有关申请、审批程序，向有关部门提出书面申请，经相关机构审核同意后，方可实施建设。二是无居民海岛的利用开发建设，必须符合省、市、县三级无居民海岛保护与利用规划、海洋功能区划和其他相关规划的要求；岛屿的开发活动应按照市、县级无居民海岛保护与利用规划所确定的岛屿功能定位进行建设，不得擅自改变使用功能；确需调整功能进行建设的，应先调整市、县级无居民海岛保护与利用规划，经相关程序审批同意规划调整后，方可实施建设。市、县级无居民海岛保护与利用规划对具体岛屿功能的变更调整，若在该岛屿所在岛群允许设置岛屿功能范围内的，允许其调整；若不在范围内，须提交省级无居民海岛保护与利用规划的审批机关进行专题审议，经同意后，方允许其调整。三是利用无居民海岛若涉及国防工程的，开发利用前，必须将具体规划方案报有关军事部门审定；在具体实施过程中，对涉及的国防工程必须按规定报批程序逐级上报；对未批准报废或拆迁的国防工程，严禁擅自处理。四是利用无居民海岛在确定的主导开发利用功能未实施前，可经过相关程序审批，开展一些临时的可兼容性的活动，但应不影响未来主导功能的开发，并应在主导功能开发时及时调整、退出。五是应依法、有序地推进利用无居民海岛的相关开发活动，严禁毁坏岛上原有的观测台（站）、导航、通信等工程设施，禁止违反规定向海域排放污染物，倾倒废弃物及法律法规禁止的其他行为；未经相关职能部门许可，不得擅自改变周边海域通航环境。六是无居民海岛的利用开发应遵循集约、节约的基本原则，并注重对海岛及其周边海域生态环境的保护；若涉及耕地、林地等建设行为，除满足无居民海岛保护与利用规划的要求外，还应符合国家相关法律、法规的要求；业主单位应根据其建设内容，制订相关的环境保护预案，并接受管理部门的监督检查。七是定期或不定期对海岛开发利用情况进行全面检查，加强对非法利用无居民海岛及其周围海域、擅自变更海岛利用功能等行为的监管，并根据相关的法律法规对相关责任人进行处罚。八是利用类岛屿涉及临港工业类开发的，须严格执行国家相关的产业政策。

## 二、浙江无居民海岛资源管理存在的问题

浙江省无居民海岛有序管理与开发利用工作虽然取得了一些初步的成效。但由于海洋海岛事业是一项新生事物，工作起步晚、基础差、难度大、投入高，存在较多的问题和困难。

法律体系尚不健全。国家对海洋经济以及海岛资源的认识不

断提高，相应的法律法规也在不断提出，自《中华人民共和国海岛保护法》颁布后，还制定完善了一系列的无居民海岛保护与利用的管理规定、使用金征收使用管理办法等法律法规。国家海洋局也陆续下发了一系列配套实施的规范性文件，但从整体来看，这些配套制度还未形成一个完整的法律体系，配套制度的可操作性、严密性仍存在一定问题，对社会各界如何保护和合理开发利用无居民海岛还不能形成明晰的指导。2013 年 2 月 28 日浙江省政府虽然通过审议了《浙江省无居民海岛开发利用管理办法》，但其一系列可操作的配套制度还有待于制定完善。宁波市政府等也相继出台了相关管理条例等地方性规章。但是，主要由于国家没有具体的实施细则出台，省、市、县级政府责任不能明确，也不能形成一个系统的配套政策，浙江省发展无人居住的岛屿，仍然没有实质性的突破。

权属管理还不够健全。《海岛保护法》明确规定无居民海岛属于国家所有，国务院代表国家行使无居民海岛所有权。然而，一些单位或个人视无居民海岛为无主地，随意占用、买卖和出让的情况还没有完全禁绝，这不仅造成海岛生态严重破坏，也造成国有资源性资产的流失。而且，迄今为止，我国对于无居民海岛使用权的性质还没有在法律层面上加以明确，无居民海岛使用权的用益物权地位还没有在《物权法》上得到确认，也没有专门立法对其设定、变动和保护规则做出特别规定，即无居民海岛物权制度还没有真正建立，无居民海岛作为国有资源性资产的监管机制还不健全。

管理力量严重不足。浙江省海岛管理和技术支撑严重不足。除省海洋与渔业局和舟山市专门设立海岛处外，沿海地市均没有设立独立的海岛职能机构，各沿海县只有 1—2 人负责使用海域，海洋环境的保护和管理及岛上的许多其他功能；全省基本没有专门从事海岛保护与开发的科研机构，在海岛管理方面的技术支撑力量非常欠缺。海岛管理人员和专业技术人才的缺乏已严重影响到海岛的有序管理与开发利用。

开发形式单一粗放。无居民海岛由于位置偏远，交通不便，基础设施薄弱，因此对开发商的实力和水平提出了更高的要求。从近十年的无居民海岛开发利用活动来看，大部分无居民海岛的开发利用伴生于政府的围填海活动或用于港口物流，而围填海开发行为常常导致海岛的灭失，属于不可再生型的开发方式；一些条件相对较好的海岛虽有开发者看好，但也经常因为海岛基础设施薄弱，需要开展海洋环境评估、管线路由勘测、海域使用论证、通航安全论证等，甚至还要铺设海底电缆和输水管道、建造专用码头等基础设施建设，资金成本要求非常高，出现了投资巨大而导致的“烂尾”现象。许多海岛上都存有废弃的旅游设施，浪费比较严重。

历史遗留问题复杂。长期以来，各级行政管理部门对海岛管理的职责没有理顺，对海岛海域的资源价值认识不足，保护海岛生态环境系统的意识还很薄弱；加之科学规划的缺位，海岛开发的审批程序及权限没有明确，致使出现使用权和承包权的管理比较混乱的现象。许多无居民海岛发放有林权证、土地证，这些权证作为利益相关的重要凭证成了无居民海岛合理开发利用活动的“拦路虎”。由于部门职能交叉和对法规的理解等因素，大部分海岛开发前未进行生态环境和社会影响等评估，缺乏科学研究与开发保护总体规划、规划实施监管不到位等，导致海岛开发层次不高、经济效益低。如何正确处理好这些历史遗留问题，事关国家《海岛保护法》能否贯彻落实，也事关浙江省无居民海岛开发利用的《管理办法》能否顺利实施，指导合理的无人岛开发活动，推动海洋经济的发展。

## 三、国外无居民海岛资源管理制度的经验与启示

国外发达沿海国家形成了较为成熟的海岛开发与管理制度与模式，通过多种途径和方式进行海岛开发和保护的实践活动，促进了海岛的科学发展与可持续利用，在海岛利用方面获得巨大价值的同时，也为其他发展中沿海国家海岛事业的发展提供了宝贵经验。浙江省尚处于海岛资源驱动与发展增长阶段，海岛发展的现状决定了需要适当学习国外先进的理念和制度，比较分析各自的

形式与侧重点,以切实可行的制度设计和法律规定为借鉴,逐渐完善和强化无居民海岛的管理工作。

加强法制建设,规范无居民海岛管理。法律、政策的规范是世界各国对海岛进行管理与开发的重要保障,各国在海岛管理法律制度上虽有区别,但都对本国海岛发展有重大的指导意义。我国有关海岛的法律制度长期处在分散立法的状态,相关规定散见在不同的法律、法规、规章和规范性文件,并仅就海岛主权、海岛环境保护、领海基点海岛测量等方面内容有所涉及。我国需要重点保护与开发的无居民海岛数量众多,但多数无居民海岛受自身条件的限制,需要依托周围海域形成的整体资源才能发挥自身的资源与环境优势,创造更大的社会和经济价值。因此,在立法管理上,应将无居民海岛生态环境的保护、资源的开发利用,以及周边区域的影响作为一个整体来考虑。2010年我国实施的第一部全面规范海岛利用、保护与管理的综合性法律《海岛保护法》,就是在借鉴日本、韩国等国家制定的岛屿单行法以及美国、澳大利亚等国制定的分散的法律、法规的基础上,结合我国海岛发展的实际,从整体上对无居民海岛的权属、开发、保护及责任处罚进行综合规定,是我国海岛法律体系的一大进步,使无居民海岛的管理有法可依。为保障海岛物权人的权利和义务及法律地位,除国家层面的法律规定做出方向性的规定外,我们还应制订一些具体操作层面的管理措施,如建立物权管理制度等。在比较美国、澳大利亚、日本等国有关制度的基础上,借鉴其中适合的内容,作为我国的海岛具体管理制度制定的参考。我国无居民海岛种类比较多、价值多样,我们要参照美国、澳大利亚等国好的做法,适宜性地开发某些具有特殊发展价值的无居民海岛,由沿海地方人民政府根据各地的实际需要,制定专门的海岛管理计划。只要不超越权限,不违反上位法的强制性规定,报有关管理部门批准后即可付诸实施。具体到一个岛的开发,要结合这个岛的自然资源和开发价值,制定特色的适宜的计划措施,有针对性地解决问题,促进它的合理开发和保护,从而促使我国海岛各类专项法律的出台,完善海岛开发与管理的法律体系。

制定科学发展规划，完善海岛开发政策措施。海岛的开发和利用要有计划、按步骤地推进，不能搞一哄而上，在国家层面上要有全国一盘棋的思考和中长期的科学规划，省一级层面也要有区域规划和中长期规划，要明确发展规模、利用模式、使用期限等细则，按照海岛的地理区位、自然资源和生态环境的特点，以海岛经济社会发展的现实需要为依据，制定科学合理的发展规划，认真做好海岛综合利用的科学论证，制定具体的政策措施。美国、英国对海岛的利用规划分级进行，马尔代夫、韩国则对无人岛屿制定长达10年的综合管理计划。分析比较发达国家的几种规划方式，我国可采用自上而下的模式为海岛发展制定规划。即依据我国海岛分级管理体制的机构设置，首先由国家海洋主管部门负责编制全国范围的海岛发展总体规划，其次由下级政府中的海岛主管机构根据上级海岛总体规划的指导，分别编制适用于本地区的海岛发展规划，形成一套自上而下的分级规划体系，以适应不同状况海岛的发展需求。在规划制定的过程中，征求专家学者意见，号召与海岛开发利益相关的公众广泛参与，遵照严格的程序，反复讨论而最终确定。规划一旦制定后，还可参照美国、英国和日本的做法，出台开发许可证制度来保证规划的实施。目前，我国也已经实施许可证制度，程序上比较规范，主要还要加强对规划的审查以及开发过程中的监管，确保严格控制和限制开发活动。近几年国家也比较重视规划工作，2012 年《全国海岛保护规划》颁布实施，浙江则在2008 年就启动制定《浙江省无居民海岛保护与利用规划》，将全省2639 个海岛分为 119 个岛群，明确规划，完善制度，有效保护生态系统，合理利用无居民海岛的各种资源。规划于 2011 年由省政府批准实施，目前，也全面完成了县级无居民海岛保护与利用规划的编制工作。借鉴“马尔代夫”经验，制定政策措施，鼓励国内外资本投资海岛，政府职责明确，严格执行规划，加强监督，同时，积极探索了无居民海岛有序管理的模式。我国海岛开发涉及海洋与渔业、旅游、土地、规划、环境、交通、林业、公安边防、军事、财政、税务、工商等部门，必须建立一个在海岛开发方面的强有力的协调机制。当前，国家海洋管理委员会已建立，在操作层面上，要不断强化海岛有序管理与开发利用的协调机制，加强对海岛开发工作的领导和协调。

明确海岛功能分区，实施可持续发展战略。功能分区是空间的一种定位划分方法，对海岛管理中实施划片区别管理具有很强的指导性，在其他领域如旅游区的管理、国家公园的管理都在普遍实施应用中，它主要是把一个整体的空间区域人为地划分为有针对性的若干个小区域进行区别管理。海岛的功能分区主要有利于找到开发利用和生态保护之间的平衡点，即对海岛脆弱的生态环境进行有力的保护，免受人类活动的干扰和破坏，为海岛多样的生物种群提供良好的栖息地的同时，又对海岛丰富的资源价值进行适度的科学的开发利用，促进海洋经济的可持续发展，提高人类对海岛环境的认识。在这方面，比较好的是澳大利大赫德岛与麦克唐纳群岛的做法，对海岛陆域面积上的划分非常细而具体，在岛上划分出若干个相互分隔，既便于游客上下岛活动又不会影响环境的区域，对该区域人类活动的管理有很多严格的限制和清晰的要求。其中设立有主要使用区和参观游览区，在人类活动区域与生态环境保护区域之间还设有缓冲区，如设立荒野区和文化遗产区；对生态环境保护最为重要的是设立限制区和近海区。限制区和近海区相邻，一个为陆域一个为海域，严禁人类在此区域活动，以确保生态环境和生物的多样性不受人类活动的破坏，进而有效保护资源的价值和生物的栖息地；再外延就是外海区。这样构成的一个自然保护区域实施的功能分区管理必然是对生态环境的有力保护，是可持续利用的有效手段。从我国的国情看，由于海洋科技力量比较薄弱，海岛管理一直是一块短板，随着改革的不断深入，经济实力不断提高，海岛的管理现在越来越受到重视，但由于相关法律制度和科普知识的缺位，我国大部分已经开发利用的海岛只是单岛粗放式的开发，对生态环境造成了极大的破坏。为此，我国应借鉴澳大利亚的做法，对所有海岛的开发情况进行梳理，可以以省域为际，根据海岛的差异性划设相应的保护区，在该保护区域内，可以围绕主岛的功能，划设不同的功能区，进行一个大的保护区域范围的综合开发利用。

# 第五章 浙江海洋渔业资源的保护①

## 第一节 浙江海洋渔业资源的分布

海洋渔业是海洋经济的传统产业，是第一产业。它的生产对象是海洋里的经济动物和植物，包括海洋捕捞、海水养殖、海产品加工及储藏运销等生产活动。海洋渔业资源是指海洋水体中天然的和养殖的具有开发利用价值的经济动植物种类和数量的总称，又称海洋水产资源。海洋渔业资源分类主要是鱼类资源、甲壳动物类资源、贝类资源、哺乳动物类资源、海藻类资源等。另外，根据人们对海洋渔业资源的干预程度，还可分为天然渔业资源和养殖渔业资源。海洋渔业资源的状况除了受自身生物学特性影响外，还会根据外部栖息环境条件变化及人类社会的开发利用而变动。

浙江省是我国传统的渔业大省。中国最大、全球四大渔场之一的舟山渔场也坐落在浙江舟山群岛，海洋捕捞 300 万吨，居全国第一。此外，浙江省得天独厚的地理区位为海洋渔业的发展提供了良好的条件。浙江省位于长三角地区，海域位于亚热带季风气候带，气候适宜，雨量充沛，水质肥沃，饵料丰富，多支水流交汇，使得近海盐度低而季节变化大，营养盐丰富。众多岛屿及难以计数的岩礁周围浅海海域和潮间带，为海洋生物栖息提供了良好的场所，这些都极有利于海洋生物的大量繁殖与生长。其拥有的海洋生物资源种类多、数量大，其中浮游植物 394 种，浮游生物 170 种，

---

① 本章数据来源于张海生主编的《浙江海洋环境资源基本现状》，海洋出版社 2013 年版。

底细生物 131 种。以上这些有别于其他海域的环境特点，使浙江成为海洋渔业资源蕴藏量最为丰富、渔业生产力最高的渔场，成为我国最大的渔场。截至 2013 年 12 月，海洋渔业是最先发展起来的海洋产业，浙江省现共有渔业乡镇 91 个，渔业村 767 个，渔业户 34.7 万户，渔业人口 118.2 万人，渔民人均纯收入 13350 元。同时拥有各类渔港 208 个，其中国家级中心渔港 10 个，国家一级渔港 18 个。浙江海洋渔业产值从 2000 年的 226.15 亿元上升至 2010 年的 306.01 亿元，年增长速度为 4.4%。浙江渔获量占整个东海渔获量的 60%，占全国海洋渔业捕捞总量的 30% 以上。在浙江海洋捕捞的主要对象中，具有较高经济价值和较高产量的有带鱼、马面鱼、鲐鱼、乌贼、小黄鱼、鳗鱼、梭子蟹、海蜇、鲳鱼、鳓鱼等；其他如石斑鱼、鲥鱼、毛鲿鱼、对虾、真鲷，潮间带生物中溢蛙、泥蚶、牡蛎、贻贝、杂色蛤子和青蛤等都是很有经济价值的种类；在大型海藻中，坛紫菜、羊栖菜、石花菜等都有较大的资源量；在养殖方面，我省浅海、海港和滩涂养殖资源丰富、养殖条件优越、养殖品种多样，有鱼、虾、贝、藻、蟹等五大类四十余种。此外，近年来，渔业第一产业比例下滑，涉渔第二、第三产业比重进一步提高。随着传统渔业繁殖业的稳步发展，“渔家乐”等休闲观赏渔业也正在蓬勃发展，其对于解决渔区社会就业、致富沿海渔民群众等做出了重大的贡献。

## 一、鱼类资源

浙江渔场有鱼类 700 多种，但作为渔业主要捕捞对象只有 30 种至 40 种。近几年，浙江渔场鱼类产量约 $200\times10^4$ t，占海洋总捕捞量的 65%左右，是海洋渔业资源中最重要的组成部分。鱼类资源的分布特征，按其生态属性，可分为沿岸种、近海种和外海种三个类型。

### （一）沿岸种

这一类型的鱼类主要分布在大陆沿岸的河口、港湾及岛屿周围海域，其栖息场所在沿岸低盐水系控制下，其分布特点可分为溯河性鱼类、岛礁鱼类和沿岸的小型鱼类。溯河性鱼类其幼鱼和成鱼阶段是在河口、港湾栖息，性成熟后溯河而上，到江河、湖泊淡水中产卵，孵出的仔鱼成长至幼鱼后回归河口、港湾、浅海中生活，如鲥鱼、鲻鱼、鲚鱼等；岛礁鱼类生活在海底有岩礁的海域，没有明显的移动规律，属定栖性鱼类，如石斑鱼、褐菖鲉、黑鳍棘鲷等；沿岸小型鱼类生活于沿岸浅海区，随着季节的变化，水温升降和水系的消长做南北或东西之间移动，其移动范围在沿岸低盐水域和外侧混合水域，其分布水深一般在40米以浅海域，属这一类群的小型鱼类有黄鲫、龙头鱼、棘头梅童鱼等，是沿岸张网和小型作业的捞捕对象，其单鱼种年产量一般有几千吨至几万吨。还有值得一提的是作为渔业捞捕对象的大型水母——海蜇，也分布在这一海域，年产量有几千吨。

（二）近海种

这一类型的鱼类对温度、盐度的适应性较强，一般生活在高、低盐水系交汇的混合水域和偏高盐水一侧，分布水深一般在40～100米海域，产卵场分布在60米水深以浅海域，越冬场在浙江海区东部和东南部深水海域，其洄游分布受沿岸水系和外海高盐水系强弱消长的制约，分布范围较广，在浙江渔场都有分布。属这一类型的鱼类群体数量较大，是主要经济种，是渔业重要的捞捕对象，如年产量在$(40\sim50)\times10^4$t的带鱼，$(10\sim15)\times10^4$t的鲳鱼、鲐鱼，$(5\sim10)\times10^4$t的小黄鱼、白姑鱼、鳀鱼、马鲛鱼、海鳗、蓝圆鲹，$5\times10^4$t以下的黄姑鱼、刺鲳鱼、鮸鱼、鳓鱼等。属这一类型的鱼类有暖温性种，也有暖水种，没有冷温性种。

（三）外海种

这一类型的鱼类适温适盐性较高，分布在100米水深以东大陆架外缘，大陆坡深海。该海域在高温高盐黑潮暖流控制下，鱼类洄游分布与高盐水系的消长有关。春夏季暖流势力强盛，从南向北，鱼类由深水海域向浅水海域做生殖洄游；秋冬季暖流势力减弱，向东南方向深水海域移动，进入越冬场。这一类型的鱼类多属暖水种，如马面鲀、短尾大眼鲷、黄鲷、绿鳍鱼、红娘鱼、方头鱼、蛇鲻、竹筴鱼、水珍鱼等。上述种类是外海渔场最重要的捞捕对象。资源数量较大的有马面鲀，近几年浙江省年产量在 $4\times10^4$ t，其他鱼类数量较少，单鱼种年产量在几千吨至 1 万多吨。

## 二、虾类资源

浙江渔场虾类资源的利用历史较长，历史上以利用沿岸近海种类为主。自 20 世纪 80 年代初发展桁杆拖虾作业以来，除了近海的虾类资源外，外海的虾类资源得到开发利用，使虾类产量明显上升。近几年来，浙江省虾类产量超过 $60\times10^4$ t，约占海洋总捕捞量 20%，是浙江渔场重要的捕捞对象。虾类资源的分布特征，根据海域的环境条件，可分为如下三种类型。

### （一）广温低盐种

广温低盐种分布在 30 米水深以西的河口、港湾、周围海域，在这个水域下，底层盐度在 25%以下，底层水温变化幅度较大，在 6℃～26℃之间，主要有安氏白虾、脊尾白虾、细螯虾、中国毛虾、鞭腕虾、锯齿长臂虾、巨指长臂虾、中国明对虾、长毛明对虾、鲜明鼓虾等。其中，中国毛虾、脊尾白虾、安氏白虾是优势种，是沿岸定置张网和小型作业的捕捞对象，以中国毛虾产量最高，近几年浙江省年产量超过 $20\times10^4$ t。

### （二）广温广盐种

广温广盐种分布比较广，从 10 米水深至外侧 60 米水深都有分布，但主要分布在 30～60 米水深海域，尤其在 30°00′以北海域，受长江冲淡水影响，混合水区广阔，该海域盐度为 25%～33.5%，周年水温变化幅度较大，在 8℃～24℃之间，分布在这一海域虾类适温适盐范围较广。主要有葛氏长臂虾、中华管鞭虾、哈氏仿对虾、细巧仿对虾、周氏新对虾、刀额新对虾、日本囊对虾、鹰爪虾、戴氏赤虾、花脊等腕虾、扁足异对虾等。其中的葛氏长臂虾、中华管鞭虾、哈氏仿对虾、鹰爪虾等资源量较大，根据评估，其资源量在(0.5～1.0)$\times10^4$ t之间，是浙江北部渔场和南部近海渔场拖虾作业重要的捕捞对象。

(三)高温高盐种

高温高盐种虾类分布在60～120米水深海域，盐度在34‰以上，周年水温变化幅度为15℃～24℃，分布在该海域的虾类为高温高盐属性，以热带暖水种为主。主要种类有凹管鞭虾、大管鞭虾、高脊管鞭虾、假长缝拟对虾、须赤虾、长角赤虾、红斑后海螯虾、脊单肢虾、日本单肢虾、东方扁虾、毛缘扇虾、九齿扇虾、脊龙虾等。其中，凹管鞭虾、大管鞭虾、高脊管鞭虾、假长缝拟对虾、须赤虾、长角赤虾等资源量较大，在(1～3)$\times10^4$ t之间，是外海和南部外侧海域拖虾作业重要的捕捞对象。

## 三、蟹类资源

历史上浙江渔场以利用三疣梭子蟹为主，自20世纪90年代以来，随着蟹笼作业的推广，流刺网作业的恢复和发展，加大对细点圆趾蟹、锈斑蟳、日本蟳、武士蟳等资源的开发力度，产量迅速增加，近几年浙江省蟹类年产量已超过10$\times10^4$ t，高的年份达16$\times10^4$ t。

(一)广温低盐种

广温低盐种蟹类分布在近岸浅海、河口、港湾和潮间带海域。主要种类有拟穴青蟹、天津厚蟹、弧边招潮、日本大眼蟹等。其中，青蟹是重要的渔业捕捞对象和养殖对象，其他蟹类虽然种类多，但因个体小，群体数量也不大，经济价值不高。

(二)广温广盐种

广温广盐种蟹类主要分布在10～60米的沿岸和近海内侧的沿岸水及混合水区，该海域年底层水温范围8℃～24℃。底层盐度分布范围25.0～33.5，这是浙江渔场蟹类生物量较大的类群，主要种类有三疣梭子蟹、红星梭子蟹、细点圆趾蟹、锈斑蟳、日本蟳、双斑蟳、纤手梭子蟹、变态蟳、绵蟹、七刺栗壳蟹、十一刺栗蟹、红线黎明蟹、隆线强蟹等。其中，三疣梭子蟹、红星梭子蟹、细点圆趾蟹、锈斑蟳、日本蟳、双斑蟳是渔业重要的捕捞对象之一。据调查，其资源量在(0.3～0.4)$\times 10^4$ t之间。

(三)高温高盐种

这一类型的蟹类对温度、盐度适应性较狭窄，要求有较高的温、盐环境，一般分布在60～100米水深海域，该海域盐度在34.0以上，底层水温分布范围在14℃～24℃之间，主要种类有光掌蟳、武士蟳、卷折馒头蟹、长手隆背蟹、艾氏牛角蟹、锐刺长骑蟹等，其中，光掌蟳、武士蟳是渔业重要的捕捞对象之一，据调查，其资源量在(0.3～0.4)$\times 10^4$ t之间。

## 四、头足类资源

头足类是浙江渔场重要的渔业捕捞对象，历史上盛产日本乌贼，浙江省产量高的年份可达$6\times 10^4$ t(1959年、1979年)。早在20世纪80年代，由于强化捕捞，日本乌贼资源于80年代末急剧衰退，鱼汛消失。自90年代初以来，沿海市、县发展单拖、鱿钓等作业，开发利用外海、远洋的柔鱼、枪乌贼、有针乌贼类、蛸类(章鱼)等，使头足类产量明显上升，近几年浙江省头足类产量已超过$30\times 10^4$ t，占全省海洋捕捞量的10%左右。头足类已成为海洋捕捞重要的渔获对象，对发展海洋捕捞业，发展头足类加工产业起重要的作用。

(一)太平洋褶柔鱼

太平洋褶柔鱼属暖温带种，分布于寒、暖流水系，大洋水系与沿岸水系交汇海域，能做长距离洄游，是世界经济头足类产量较高的一种。主要产于日本海和日本群岛周围海域，是日本、韩国重要的捕捞对象。在浙江外海及黄海北部都有分布，在整个生命周期中，适温范围广，北上交配适温10℃～17℃，南下产卵适温15℃～20℃。浙江渔场太平洋褶柔鱼以冬生群为主，北上索饵交配，南下越冬产卵，进行季节性洄游，形成若干个地方群，其洄游分布与黑潮暖流、对马暖流、黄海暖流和台湾暖流的关系十分密切。

(二)剑尖枪乌贼

剑尖枪乌贼是20世纪90年代初浙江外海渔场新开发的头足类资源之一，主要为单拖作业所捕捞，年产量约$(2\sim3)\times10^4$ t，商品价值高，是重要的出口水产品。该种属暖水种，分布于30°00′N以南的浙江东南部外侧海域。春季近海水温回升，剑尖枪乌贼从29°00′N以南的外海越冬场，朝西北方向移动，4—5月份在室外渔场、闽外渔场和鱼外渔场的100～200米水深海域开始出现较密集的分布区；6—7月份，随着暖流势力增强，继续朝西北方向移动，在温台渔场、鱼山—鱼外渔场、舟山—舟外渔场60～100米水深形成密集的分布中心，并进行繁殖产卵。6—9月，在上述海域形成捕捞作业渔场。10月份以后，随着北方冷空气南下，近海水温下降，剑尖枪乌贼朝东南方向移向外海越冬场越冬。可见，剑尖枪乌贼春夏季北上进行生殖洄游，秋冬季新生代南下越冬洄游，其洄游距离不远，规模也不大。

(三)有针乌贼类

有针乌贼主要包括金乌贼、拟目乌贼、虎斑乌贼、白斑乌贼、神户乌贼、罗氏乌贼等有针乌贼类。上述种类除金乌贼属暖温性种，向北可分布到黄、渤海区外，他种类主要分布在浙江中南部外海，中心分布区在27°30′～29°30′N，123°30′～126°00′E，渔期主要在8—12月。其群体数量不大，为底拖网的兼捕对象。

(四)蛸类

蛸类包括蛸属中的短蛸、长蛸、真蛸、条纹蛸、卵蛸等，是渔业捕捞的主要种类，在浙江海域都有分布，是底拖网和蟹笼作业的兼捕对象，主要预期在7—8月份，中心分布区在29°00′～30°30′N，124°00′～127°00′E之间。

## 第二节　浙江海洋渔业资源的开发利用与保护

渔业资源是海洋捕捞业的物质基础，保护渔业资源，就是保护海洋捕捞业。渔业在海洋经济中的地位，就像农业之于陆地经济，“它是沿海居民的生存之本”。浙江省海洋与渔业局曾公布一组数据，2002 年浙江渔场 69％的渔业资源可以直接上市，31％以鱼体太小等原因转卖至饲料厂加工成各种饲料；到 2010—2012 年，仅剩 30％多的渔业资源可直接上市。“竭泽而渔”式的捕捞行为，不仅对海洋渔业资源与海洋生态平衡造成了严重破坏，也与捕捞渔民自身的根本利益和长远利益严重背道而驰。浙江省是渔业大省，在发展渔业的同时也应该注意保证海洋渔业资源的可持续发展，避免出现渔业资源枯竭。

### 一、浙江海洋渔业资源开发利用的基本状况

#### （一）捕捞业的基本现状

1. 捕捞强度不断提高，向机械化、大型化、钢制化发展

浙江省的海洋渔业经过几年的恢复，从 1954 年开始步入发展阶段，从海洋捕捞能力的发展状况看，分为三个发展阶段：第一阶段是 1950 年至 20 世纪 60 年代中期。海洋捕捞渔船以传统的木帆船为主，而机动渔船处在发展阶段，从无到有，发展速度很快，从 1954 年的 10 艘至 1960 年的 1400 艘，功率 $5.5\times10^{4}$ kW，到 20 世纪 60 年代中期达到 2800 艘，$13\times10^{4}$ kW。这一时期的捕捞作业方式以对网为主，并结合张网和刺网等小型作业，渔获对象以大黄鱼、小黄鱼、带鱼、曼氏无针乌贼这四大渔产为主。第二阶段是 60 年代中期至 80 年代中期，这阶段机动渔船全面发展，从 1966 年 3400 艘，$15\times10^{4}$ kW，至 1974 年达到 8400 艘，$33\times10^{4}$ kW。而这时期木帆船开始萎缩，各种作业，如对网、拖网、刺网、张网、灯光围网等都实现机械化，捕捞能力大幅度提升。第三阶段是 20 世纪 80

年代中期以来，捕捞渔船在实现机械化基础上，向大型化、钢质化发展，捕捞能力更加强大，形成以钢质渔轮为主的大、中、小马力齐全的捕捞船队。截止到2013年12月，浙江省海洋捕捞机动渔船拥有量为22257艘，其中国内海洋捕捞21785艘，$363\times10^4$kW。

2.渔场向外海扩展，作业结构发生变化

20世纪50年代以木帆船生产为主，捕捞渔场分布在40米水深以内的沿岸海域。六七十年代随着渔船机帆化的发展，渔场向东扩展到80米水深的近海海域，并逐步向外海渔场拓展。如70年代中期到济州岛西南部的中央渔场捕越冬大黄鱼，到浙江中南部外海捕马面鲀。80年代在“造大船，闯大海”声势推动下，捕捞渔船逐步大型化、钢质化，进一步向东部海域扩展，到100～200m水深的海域生产，向东到达128°00′E，北至大小黑山、济州岛东部和对马海域，南至台湾省北部和钓鱼岛海域生产。在外海渔场的27°00′～33°00′N，125°00′～127°00′E海域形成外海捕捞的中心渔场，各种作业，如双拖、单拖、拖虾、流、钓等，都向外海渔场进发，捕捞带鱼、马面鲀、虾蟹类、头足类和外海小宗经济鱼类。该海域经济鱼、虾类资源相对比较丰富，渔场环境和作业条件优良，是常年的生产渔场。

随着渔场的外移，捕捞作业结构也发生变化。近20年来，浙江省7种主要捕捞作业中，除张网、流网、钓业3种作业，其渔获量的百分比组成变化不大外，底拖、拖虾和对网作业变化较大。传统的对网作业因只适合于近海渔场捕捞，自20世纪80年代中期以后，该作业渔获比重明显下降，相反，适合于外海作业的底拖网和桁杆拖虾网作业，渔获比重则逐年上升。底拖网从80年代中期占渔获总量的20%左右，至90年代中期达到40%左右，桁杆拖虾作业从80年代中期不到10%，至90年代中期上升到20%以上，2000年以来底拖作业和拖虾作业两者的渔获量已占总渔获量60%以上。

3.总渔获量不断增长，单位捕捞力量渔获量逐年下降

随着捕捞能力的增强，海洋捕捞产量也逐年增长。但是，捕捞

产量增长并不意味着捕捞效率提高，单位捕捞力量的渔获量反而下降。20世纪50年代，海洋渔业资源丰富，在捕捞能力比较低的情况下，每千瓦的渔获量都比较高，1960年为3.10t，随着捕捞能力的提高，每千瓦的渔获量逐年下降，从1965年的2.5t，降至1976年的1.61t，1985年降至0.93t，1990年只有0.62t，尤其是70年代中期至90年代初，下降速度比较明显。这反映出渔业资源数量与捕捞强度之间的矛盾非常突出。在1995年以后的10多年，由于加强了对捕捞力量控制，实施捕捞渔船报废制度，捕捞渔民转产转业，捕捞产量零增长和伏季休渔等有力措施，渔获量和捕捞力量保持了平稳增长，每千瓦的渔获量有所回升，波动在0.81～0.90t/kW之间，平均值为0.87t/kW。

4.传统的主要经济鱼类资源衰退，渔获组成发生变化

浙江渔场传统的主要经济种类大黄鱼、小黄鱼、带鱼、日本乌贼等，历来是全省重要的捕捞对象，但由于不合理利用，在高强度捕捞压力下，小黄鱼、大黄鱼、日本乌贼先后出现衰退，渔业消失，带鱼虽维持在较高产量，但鱼体小型化、低龄化严重，渔场分散，浙江渔场四大渔产的优势也随之下降。四大渔产占海洋捕捞总产量，20世纪70年代平均56.7%，80年代前5年下降至39.0%，后5年下降至25%。自90年代以来，由于政府采取积极的养护措施，保护产卵场，保护幼鱼，实施伏季休渔制度，带鱼、小黄鱼、鲳鱼数量有所增长，但大黄鱼、日本乌贼资源仍未得到恢复。

（二）海水养殖业现状

1.嘉兴市

嘉兴市位于长江口南岸，杭州湾北岸。海岸线分布于平湖、海盐和海宁。海水具有高悬沙、低盐度的特点，平均盐度为10.0。潮间带的滩涂地带由淤泥沉积形成，属典型的泥砂质海岸，沉积物的主要成分是粉粒砂。全市海岸线总长约152.8千米，其中，大陆海岸线约136.8千米。海水养殖以陆基池塘养殖为主，养殖面积约561平方千米，多为半精养池塘，养殖品种为以凡纳滨对虾为主的

对虾类，对虾养殖产量为约 3217t。

2. 绍兴市

绍兴市位于杭州湾南岸，东与宁波的余姚相邻。海岸线隶属上虞，为淤涨型岸线。海水具有高悬沙、低盐度的特点，盐度在 5～12。大潮高潮线至低潮线潮间带的滩涂地带由淤泥沉积形成，属典型的泥沙质海岸，沉积物的主要成分是粉粒砂。海岸线总长约 32.9 千米，全部为大陆岸线。海水养殖以陆基池塘养殖为主，养殖面积约 266 平方千米，多为半精养围塘，主要养殖凡纳滨对虾和拟穴青蟹等。2007 年对虾养殖产量为 255t，蟹类产量 25t。

3. 舟山市

舟山市有 1814 个海岛，海域面积约 19146.5 平方千米，全市岛屿岸线曲折漫长，总长约 2388.2 千米。舟山毗邻东海，海洋渔业资源丰富，是我国最大的渔场。目前养殖生产包括池塘、滩涂和浅海，其中，池塘和滩涂已处于较高程度的开发状态，随着港口的建设和临港工业的开发，养殖面积急剧减少，而浅海的开发潜力很大。舟山市池塘养殖面积约 46656 平方千米，主要分布在舟山本岛、岱山、六横、登步、佛渡、朱家尖、长涂、金塘、长白等岛的滩涂和潮上带区域。舟山市滩涂养殖面积约 16986 平方千米，主要分布在舟山本岛、岱山、六横、朱家尖等岛的滩涂。养殖模式为底播养殖。主要养殖种类有泥螺、彩虹明樱蛤、蛤蛏、毛蚶等。舟山市浅海养殖面积约 20486 平方千米。主要位于浅海和港湾，养殖模式主要是筏式养殖和网箱养殖。筏式养殖的种类主要是紫贻贝、厚壳贻贝。普通网箱约 117420 立方米，深水网箱 119 只，约 153740 立方米，主要养殖种类有鲈鱼、大黄鱼、美国红鱼、鲷科鱼类和石斑鱼等。嵊泗列岛是舟山浅海筏式养殖的主要区域，贻贝筏式养殖面积约 14126 平方千米，占舟山市的 97.7%，占全省的 80.3%。普通网箱养殖集中在普陀区的六横和岱山。其中，普陀区约 70410 平方米，占舟山市的 60. 0%，岱山 38100 平方米，占舟山市的 32. 4%。

4. 宁波市

宁波市三面环海，海域宽广，岸线曲折，岛屿众多，滩涂资源较为丰富。海域总面积约8038.9平方千米，海岸线总长约1533.6千米，海岛643个，滩涂面积约700.0平方千米，大陆沿岸滩涂以淤泥质为主。海水养殖历史悠久，主要集中在象山港和三门湾，其中，象山港为我国重要的水产养殖基地。宁波市池塘养殖面积约17518平方千米，主要分布在三门湾、象山港和养殖模式主要有蟹、虾混养和虾、贝混养。宁波市滩涂养殖面积约18225平方千米。主要分布在象山港、三门湾和杭州湾滩涂，养殖模式主要有滩涂底播和低坝高网护栏养殖。宁波市浅海养殖面积约4619平方千米。浅海养殖主要分布在象山港和三门湾，养殖模式主网箱养殖和筏式养殖。

5.台州市

台州市位于浙江中部沿海，海域辽阔，岸线曲折，岛屿众多，大陆岸线长约740.3千米，海岛777.5个，海域总面积约6711.0平方千米，滩涂面积约446.8平方千米。三门湾、乐清湾、大陈岛是台州市较佳的海水养殖场所。台州市池塘养殖面积约10564平方千米。主要分布在三门湾和乐清湾的滩涂和潮上带，养式主要有蟹、虾混养和虾、贝混养。台州市滩涂养殖面积约20628平方千米。主要分布在乐清湾、三门湾及沿海滩涂，养殖模式以滩涂底播养殖为主。

6.温州市

温州市处浙江东南沿海，海域面积辽阔，岸线曲折，岛屿众多，沿海自北而南分布有洞头、北麂、北龙、南麂和七星五大列岛。大陆岸线长约504.0千米，海岛岸线长约669.0千米，海岛551.5个，海域总面积约8624.9平方千米，滩涂面积约644.1平方千米。乐清湾、洞头列岛、南麓列岛和苍南的沿浦湾是温州市重要的海水养殖区域。温州市池塘养殖面积约5585平方千米，主要分布在乐清湾和瓯江口的滩涂和潮上带，苍南等地沿海也有部分养殖。养殖模式以蟹、贝类混养为主，养殖种类主要有拟穴青蟹、凡纳滨对虾、日本囊对虾、文蛤、大弹涂鱼等。深水网箱养殖面积是浙江省深水网箱养殖数最多的区域。

（三）增殖现状

1.增殖放流现状

渔业资源增殖放流是世界通行的恢复渔业资源和修复水域生态环境的有效方法，也是促进渔业经济可持续发展的有效途径。为此，在浙江省委、省政府的高度重视下，2006 年浙江省渔业资源增殖放流的“511 工程”计划启动，制定了《浙江省增殖放流规划》，并结合资源保护区建设、控制捕捞强度，改进作业方式，渔民转产转业等措施，促进全省渔业资源的恢复和水域生态环境的修复，再造浙江渔业资源优势。增殖放流在带来巨大经济效益的同时，也发挥了良好的生态效益。通过资源增殖，浙江近海正在衰退的某些渔业资源明显得到了补充，资源量增加较快，得到社会的广泛认同。

从 1982 年至今，浙江省先后进行了鱼类（大黄鱼、黑鳍棘鲷、石斑鱼、梭鱼、黄姑鱼、日本黄姑鱼等）、甲壳类（中国明对虾、日本囊对虾、三疣梭子蟹、拟穴青蟹等）、贝类（菲律宾蛤、文蛤、青蛤、毛蚶、鲍鱼、荔枝螺、日本乌贼等）、海蜇等种类的增殖放流，并取得了良好的经济效益、生态效益和社会效益。从增殖放流的地点看，放流种类主要分布于舟山群岛、杭州湾及象山港海域；中国明对虾放流主要位于象山港海域；大黄鱼放流位于舟山沿海；黑鲷放流较1982—2009 年浙江沿海均有分布；海蜇放流集中在杭州湾。

2.人工鱼礁现状

人工鱼礁建设既是改善渔业生态环境的重要手段，也是海洋生态的修复工程。它不仅可使被淘汰的废旧渔船残值得到利用，同时也可以建造一批人工钓业、笼捕或刺网渔场，保护和利用好渔业资源。部分作业渔船可改为钓船或游艇，使渔船的出路和渔民的就业问题得到解决，有利于渔业结构的调整。作为海洋大省，浙江省对沿岸渔场人工鱼礁建设工作十分重视，在 2002 年的《浙江海洋生态环境保护与建设规划》、2003 年的《浙江生态省建设规划纲要》及 2004 年的《浙江省海洋环境保护条例》等多个文件中，将人工鱼礁建设列入重点建设和保护的内容。

浙江省大规模的人工鱼礁建设项目始于2001年至2003年初。在浙江省海洋与渔业局的主持下浙江省成立了人工鱼礁建设布局规划领导小组和工作实施课题，有计划地开展了对全省人工鱼礁建设的规划布局工作。全省已经启动了温州的南麂、洞头，舟山的朱家尖、嵊泗、秀山，宁波的渔山岛和台州的大陈岛7个休闲生态人工鱼礁项目。截至2006年浙江省已建成人工鱼礁7处，其中，舟山市3处，温州市2处，宁波市、台州市各1处。

人工鱼礁可以借洋流的回转产生上升流以形成翻耕的效果，有利于底层藻类的大量繁殖，初级生产力得到有效增加，鱼礁产生的涡流可以达到使浮游动物聚集的效果，从而吸引自然海区的恋礁性鱼类进入人工鱼礁区休养生息，洄游性鱼类也会在人工鱼礁周围或上方聚集索饵，形成特殊的人工鱼礁场。据调查统计，从2002—2006年，全省在人工鱼礁区放流石斑鱼、条石鲷、花尾胡椒鲷、黑鲷、真鲷、双斑东方鲀、大黄鱼、日本黄姑鱼等8种鱼类，共计511.38万尾，加快了人工渔场的形成。

3.原、良、苗种场及水产种质资源保护区现状

20世纪90年代以来，国家和浙江省沿海地市政府非常重视海洋水产原、良种场的建设。经多年努力，浙江省先后建立了1处国家级水产原、良种场，4处省级水产原、良种场，和1处市级水产原、良种场。2007年浙江省共培育海水鱼育苗3348万尾，对虾育苗173亿尾，蟹类育苗28亿尾，贝类育苗738亿粒。浙江省非常重视海洋生物种质资源的保护和增殖，先后建立了乐清湾泥蚶国家级水产种质资源保护区、苍南文蛤省级水产种质资源保护区等3处水产种质资源保护区，总面积约500.71平方千米。各水产种质资源保护区情况。

## 二、浙江海洋渔业发展存在的问题

《中国海洋经济发展报告(2013)》指出，我国海洋经济2030年前仍将处于成长期，海洋资源和环境问题仍将是制约海洋经济发

展的重要因素。对于浙江而言,造成“东海无鱼”的境地的原因是多方面的,既有沿海工业化对近海水域的破坏,也有渔民的过度捕捞,再加上海洋渔业的管理与执法缺乏权威。

(一)浙江渔民队伍庞大,捕捞能力发展过度

由于缺乏统一的海洋渔业资源保护指导机构,渔民转产、转业没有针对性,政府对渔村建设的重视也不够,导致渔业剩余劳动力压力加大,渔民的生产和捕捞竞争激烈、矛盾尖锐。2001 年中韩签订《中韩渔业协定》并生效之时,中国有捕捞船 50 万艘,截至目前,中国拥有 100 余艘捕捞船,有渔民队伍 3000 万之众。就是说,在中韩渔业协定签署,中国东部沿海渔业空间被压缩 2/3 之后,中国渔民队伍、捕捞能力没有减少反而上升了,这必然加剧中国渔业资源紧张和中国渔民生存困境的矛盾。就浙江而言,尽管城市化进程取得了很大的进展,但农业人口的非农转移压力在相当长的时期内依然巨大。海洋渔村比之整个浙江农村,渔民转产、专业压力无疑是更为严峻的。

以中国最大的渔场舟山群岛所在的舟山市来分析,舟山的农村过去一直是以农业和渔业为主,工业主要围绕海洋渔业集中于水产加工、船舶制造和维修。自第十一个五年规划开始,舟山加大了海洋产业的发展力度,包括船舶制造、海洋运输、重化工业、海洋医药和海洋生物等。在海洋工业产业集中投资、集聚发展的同时,一些渔民转移到了工业和服务业领域,而海洋产业的集聚,使得舟山也吸引了大量外来流动人口劳动力,但由于地处海洋群岛,与外界的陆路交通原来并不通畅,故多年来舟山市地区的经济发展在浙江省的 10 个地级市中一直是最慢的。海洋渔业过去是舟山海洋经济的主要产业,与中国家庭农业模式一样,舟山的海洋渔业也基本是个体家庭经营户式的生产,这无形中限制了渔业经济的结构调整,渔村剩余劳动力自然也很难得到释放。在这样的情况下,舟山渔村存在明显的潜在剩余劳动力,而且,舟山渔村潜在剩余劳动力是逐渐增加的。2001 年舟山潜在的渔村剩余劳动力为 8027

人，到2010年舟山潜在的渔村剩余劳动力为12.20万人。

可见，在过去的十几年中，舟山潜在的渔村剩余劳动力一直持续增加，这与中国多数以耕作为生的农村农业剩余劳动力逐渐减少的情况是有所不同的。当然，在中国的传统意识中，渔民和许多木工、瓦工一样，被看作是有一技之长的，这也潜意识下阻碍了渔村渔民向其他行业转业。另外，渔民的投入往往比种植农户大，譬如渔船、渔具等硬件投资对渔民来说都是可观的，转产、转业的成本也就比较高，这进一步制约了渔民向非渔生产的转移。再有就是，对于许多靠加工贸易富裕起来的舟山民营企业主来说，他们认为投资远洋捕捞是一个不错的选择，加上外来流动人口劳动力有进入海洋渔业，舟山潜在的渔业剩余劳动力在过去10多年来持续增加，就不足为奇了。

浙江的情况基本如上所述，这是浙江乃至中国沿海海洋渔业存在掠夺性竞争捕捞的一个重要原因，这进一步加剧了渔业资源枯竭。

（二）周边海域污染严重且渔民过度捕捞

随着中国工业经济向重化工业方向的发展，中国近岸重工业化布局，从大西南的出海口北部湾一直向北，“大码头、大化工、大钢铁、大电能”到处点火。广东、江苏、浙江、上海、天津、青岛、大连等地无不在向石化工业区的目标大步迈进。改革开放以来，浙江是东部沿海工业化和城市化走得比较快的省份，现在又围绕国家重化工业的发展目标和方向，本着发展沿海重化工业和环杭州湾制造业基地的战略布局，加大了海洋岸线的开发和利用。沿海港口和临港工业的发展过快，许多是靠围海填海建设的，这必然侵占渔民的近海渔场和渔村岸线，使渔民失渔、失海，而且海岸带资源的工业开发和沿海渔村的城市化建设，特别是重化工业的发展，带来了岸线、海域的工业污染和海洋工程地质灾害频发。最终破坏渔业资源，导致近海渔业资源更加枯竭。

以紧邻上海和浙江的杭州湾为例。这里不但是知名度很高的一片海域，而且也一直是我国东海渔业资源的重要基地。但是现在，杭州湾沿岸的工业大开发，浙江省打造杭州湾化工产业带，200多家化工企业云集杭州湾周边，在重化工作化发展的进程中，杭州湾也正在成为一个巨大的排污池。环保部《2011年中国环境状况公报》显示，杭州湾水质极差。在这片海域劣四类水质比例接近100%，也就是水质最差的一种，鱼类、虾类和海藻类都无法在此繁殖生长，导致近海鱼虾灭绝加快。如今以美丽和壮观而在世界闻名遐迩的杭州湾，其水环境质量与生态已经在中国沿海9个重要海湾中，排在了末位。杭州湾传统的鳗鱼苗、基围虾和大闸蟹等闻名全国的特色水产品，现在都已经不复存在。刀鱼、野生蟹苗资源、野生鳗鱼资源，基本上都没有了，这就是排污造成的。与此相对应的，整个舟山渔场的捕鱼量也是大幅下降。

同时与中国海洋渔业发展的大气候一致，浙江海洋渔业生产方式也是粗放的，面对海洋渔业资源衰竭，渔民捕捞竞争越发激烈，狂捕、滥捕严重，对渔业资源开放掠夺。部分渔民公然违反《国际海洋公约》，采用对渔业资源和海洋生态有很大破坏作业的流网捕捞作业，扫荡式捕捞，拖网大小通捞，一些没有什么经济价值的小鱼也搜刮干净，赶尽杀绝。中国渔民的捕捞是追着鱼打，哪里有鱼就去哪里，发现一种鱼，几天就干掉。一般来讲，渔业资源是流动而且可循环的，渔民如果只在鱼群成熟的地方作业，就不会对其数量造成太大损害。然而，中国渔民的这种过度捕捞势必带来“无鱼可打”的困局。浙江渔民的海洋渔业捕捞基本都是这样的路数，渔业资源濒于枯竭，渔业发展不可持续，就不足为奇了。

### （三）海洋渔业资源的保护管理缺位、执法不严

由于中国海洋渔业管理分散，部门之间存在各自的利益，故而中国海洋渔业资源开发和保护的效果不理想。中国海洋渔业资源保护管理缺位、执法不严，已经是公开的事实，浙江的情况虽不比全国糟糕，但执法不严确实也是很严重的。虽然自“十一五”以来，经过了持续加快海洋发展的规划及布局，但事关改进海洋渔业资

源保护的政策法规由不同的部门或机构制定出台，部门与部门之间协商不够，政策的统一和政策权威性明显不足。更严重的是，一些市县地方渔业管理相关机构对渔民的养殖和捕捞行为缺乏监督，对渔民违反禁渔规定的捕捞不给予谴责。每年 6 月 20 日到 8 月 20 日的休渔期，本来就是为了鱼类产卵、小鱼孵化专门留出的种群休养生息期，沿海各地却总有渔船在休渔期内捕捞，而主管的渔业部门却坐视不理。更有甚者，一些船主们反映，有时渔业部门还告知船主，只要缴纳 2000 元罚款，就可以在休渔期间继续捕捞。这进一步加剧了浙江沿海渔业资源的枯竭。

当然，对于渔业管理的执法不严和以“罚”代“法”，浙江沿海地区的渔政管理部门也有不少委屈。确实，多年来，渔民转产转业一直不力，渔民世代在海上以打鱼为生，没有其他什么技能，很难让他们上岸。加上现在与农业人口减少的情况不同的是，渔民队伍在浙江沿海大多数地方是不降反升，如舟山在过去 10 多年中渔民队伍的变化，就是现实的例子。尽管地方渔政管理部门执行禁渔令，但考虑渔民的生存，一些地方的渔业管理部门往往在休渔期和禁渔期对渔民出海打鱼采取睁一只眼闭一只眼的态度，并非为了收缴罚款。

但是渔政部门这样的管理态度和方式，对沿海海域渔业资源的枯竭来说，其实是雪上加霜。鉴于浙江近海渔业资源的枯竭，沿海渔场都在着力加大渔业资源恢复工程的投入，建设海上渔礁和海上人工饲养场，这一定程度可以逐步改变海洋渔业资源靠天的状况，缓解海洋渔业资源枯竭的状况。但渔政部门为了渔民眼前生存之需，放松禁渔执法，这直接使得渔业资源恢复工程所做的各种努力前功尽弃，或者说是功亏一篑。

## 第三节　浙江海洋渔业资源管理制度的发展与实施

渔业资源管理是指为维护辖区渔业资源的再生产能力，取得最适合持续的渔获量而采取的各项措施和方法。维护再生产能力是指维持经济水生生物基本的生态过程、生命维持系统、遗传多样性，是保证人类对自然生态系统和生物物种的最大限度的持续利用，确保天然水域能为社会持久提供大量的经济水产品。由此可见，渔业资源管理的最终目的也就是要实现对渔业资源的可持续开发利用，并采取各种措施和方法保证渔业资源的可持续发展。

## 一、浙江省海洋渔业资源管理制度的基本概况

### （一）浙江省渔业管理实施办法

《浙江省渔业管理实施办法》经 1989 年 1 月 26 日浙江省七届人大常委会第 7 次会议通过，根据 1997 年 11 月 12 日浙江省八届人大常委会第 40 次会议《关于修改〈浙江省渔业管理实施办法〉的决定》修正。该《办法》分总则、渔业的监督管理、养殖业、捕捞业、渔业资源的增殖和保护、渔业环境的保护、奖罚、附则等 8 章 57 条，自颁布之日起施行。1981 年颁布的《浙江省海洋水产资源保护试行规定》和 1984 年颁布的《浙江省淡水渔业生产和资源保护暂行规定》予以废止。2005 年 11 月 18 日，浙江省十届人大常委会第 21 次会议通过，根据 2013 年 12 月 19 日浙江省十二届人大常委会第 7 次会议《关于修改〈浙江省人才市场管理条例〉等八件地方性法规的决定》第 2 次修正的《浙江省渔业管理条例》第 68 条决定，废止 1989 年 1 月 26 日浙江省七届人大常委会第 7 次会议通过的《浙江省渔业管理实施办法》。

### （二）浙江省渔港渔业船舶管理条例与浙江省渔业管理条例

2002 年颁布《浙江省渔港渔业船舶管理条例》，2005 年颁布《浙江省渔业管理条例》，其目的是加强渔业资源的保护、增殖、开发和合理利用，维护渔业生产者合法权益，保障水产品质量安全，促进渔业的可持续发展。该条例分别就渔业行政管理体制、政府和渔业行政主管部门职能、水产养殖业、捕捞业、渔业环境保护、水产品质量安全、渔业资源增殖保护、法律责任等内容做了详细的规

定。该条例的出台，是浙江省渔业资源管理制度建设的一个里程碑，标志着浙江省渔业资源管理工作又迈上了一个新台阶，这将有助于进一步保护渔业生产者的合法权益，保障水产品质量安全，增加渔民收入，促进渔业经济的可持续发展。

两部法规的实施，对加强我省渔港、渔业船舶和渔业生产作业管理，促进渔业经济健康有序发展发挥了重要作用。近年来，随着海洋渔业的快速发展，浙江省海洋捕捞强度与渔业资源再生能力之间的矛盾日益突出，违法违规捕捞屡禁不止，海洋渔业资源日益衰退。为保障沿海渔民群众长久生计、保护海洋生态环境、促进海洋渔业可持续发展，浙江省委、省政府于 2015 年 7 月出台《关于修复振兴浙江渔场的若干意见》，部署开展“一打三整治”、减船转产等重点行动。为更好地发挥立法的引领和推动作用，实现立法和省委决策相衔接，满足修复振兴浙江渔场和深化行政审批制度改革等全省工作大局的需要，浙江省对两部法规进行了修改完善。

加大政策扶持力度，促进渔民减船转产为有效压减海洋捕捞能力，引导渔民转产转业，实现海洋捕捞强度与海洋渔业资源可捕量相适应，《浙江省渔港渔业船舶管理条例》对政府“加大转产转业政策扶持力度，支持渔民减船转产”职责进行了明确。同时规定，鼓励海洋捕捞渔船所有人交回海洋捕捞渔船建造、更新指标，转产从事其他产业。对于交回指标的海洋捕捞渔船所有人，有关部门应当按照国家和省有关规定，给予资金补助、转产培训、养老保险等保障。

从产业链角度在建造环节方面全面打击涉渔“三无”船舶，明确违法造船法律责任，提高违法造船成本。为从源头上控制和减少涉渔“三无”船舶，《浙江省渔港渔业船舶管理条例》规定，对无指标擅自新建、更新、改造渔船的渔船所有人明确罚款，限期拆解，甚至没收渔船的行政处罚；对渔船建造单位为无指标渔船所有人新建、更新、改造渔船的行为提高罚款幅度；对有指标但未经渔船检验机构受理初次检验，擅自开工新建、更新、改造渔船的行为增设相应法律责任。

在捕捞生产环节方面，界定涉渔“三无”船舶范围，进一步明确打击对象。《浙江省渔港渔业船舶管理条例》进一步明确涉渔“三无”船舶予以没收的法律责任。一是明确将涉渔“三无”船舶范围界定为具备未核定船名号、未登记船籍港或者未取得渔业船舶检验证书、渔业船舶国籍证书等情形之一的渔船。二是明确具备擅自下水航行或擅自下水作业情形之一，即可没收。

在捕捞辅助环节方面，明确辅助船捕捞辅助行为违法责任。一是明确不得向涉渔“三无”船舶和禁渔期内违禁作业的渔船提供捕捞辅助等各类帮助行为；《浙江省渔业管理条例》规定，任何单位和个人不得向无船名号、无船籍港、无渔业船舶证书的渔船和禁渔期内违禁作业的渔船供油、供冰，不得代冻、收购、销售、转载违禁渔获物。二是明确收购、转载渔获物如实记录义务及违法责任。《浙江省渔业管理条例》增加了辅助渔船收购、转载渔获物应当如实记录义务，明确相应违法责任。

加强“船证不符”整治力度。针对目前“船证不符”特别是套牌现象较为严重的现象，一是在《浙江省渔业管理条例》中规定了渔船检验证书、渔船国籍证书随船携带义务及违法责任，未按规定随船携带的，适当提高处罚幅度。二是在《浙江省渔港渔业船舶管理条例》中明确，船证不符的对象从原来的海洋捕捞渔船扩展到所有渔船。任何单位和个人不得擅自改变渔船主机功率、载重线或者主尺度。

加强禁用渔具、不符合规格渔具管理。禁用渔具的使用，是一种掠夺性捕捞行为，对渔业资源的破坏极大。为加强渔具监管，《浙江省渔业管理条例》进行了相应修改。一是对禁用渔具在原来禁止制造、维修、销售、使用基础上增加了“禁止随船携带”的规定，防止禁用渔具入水作业。二是在原禁止使用不符合最小网目尺寸标准网具的基础上，拓展到禁止制造、维修、销售、使用、随船携带不符合规格标准的渔具，法律责任与禁用渔具保持一致。三是将禁渔期不得随船携带禁止作业的网具拓展到所有禁止作业的渔具。

其他修改。一是规定捕捞作业单位和个人应当按照捕捞许可证载明的作业内容进行作业。二是所有渔业船舶未经依法批准，不得进入他国管辖水域从事渔业活动。三是规定渔业生产者不得在开放性渔业水域使用畜禽排泄物、有机肥和化肥肥水养鱼。排放养殖尾水应当达到国家规定的排放标准。四是对重要渔业水域围填和改作其他功能不再实行审批制。重要渔业水域名录和范围由省渔业行政主管部门会同有关部门提出，报省人民政府批准后公布实施。五是为保障渔业生产安全，明确大中小辅助渔船应当安装渔船安全救助信息系统终端设备。

### （三）浙江省渔业捕捞许可办法

2009 年 4 月，《浙江省渔业捕捞许可办法》经省人民政府第 23 次常务会议审议通过并实施。此办法是为了保护和合理利用渔业资源，规范渔业捕捞行为，维护渔业生产秩序，保障渔业生产者的合法权益，根据《中华人民共和国渔业法》《浙江省渔业管理条例》等有关法律、法规，结合浙江省实际制定。制定渔业捕捞业实行船网工具控制指标管理和渔业捕捞许可证制度，可以促进渔业资源的可持续利用。

### （四）浙江省渔业资源增殖放流项目与资金管理办法

早在 1979 年 2 月 10 日国务院就颁布了《水产资源繁殖保护条例》，开始重视水产资源的繁殖保护问题，将渔业资源的繁殖保护纳入法制轨道。1986 年《渔业法》的实施进一步加大了依法保护渔业资源的力度。2003 年，农业部发布了《关于加强渔业资源增殖放流活动工作的通知》，进一步倡导和规范渔业资源增殖放流行为。2006 年，国务院发布《中国水生生物资源养护行动纲要》，提出要把水生生物增殖放流和海洋牧场建设作为养护水生生物资源的重要措施之一。2007 年农业部落实中央财政“水生生物资源增殖放流示范项目”，以推进全国渔业资源增殖放流工作；同年发出《关于加强渔业资源增殖放流的通知》，并以实施通知各项要求为基础，制定《渔业资源增殖放流管理规定》。2008 年 11 月，党的十七届三中全会关于推进农村改革发展的决定，明确指出要“加强水生生物资源养护，加大增殖放流力度”；中央全会上再次对水生生物资源养护工作进行部署。2009 年 4 月，农业部发布的《水生生物增殖放流管理规定》在引导和鼓励增殖放流活动的基础上，进一步规范水生生物增殖放流活动的各项工作。在此基础上，2010 年 4 月，为加强浙江省渔业资源增殖放流项目及资金管理，保障渔业资源增殖放流工作的开展，根据《浙江省财政农业专项资金管理规则实施办法》，浙江省制定颁布《浙江省渔业资源增殖放流项目与资金管理办法》，省财政设立渔业资源增殖放流补助资金，用于对渔业资源保护项目的补助，以增加浙江省优质渔业资源，修复水生生物环境，实现浙江省渔业经济可持续发展。该办法明确了资金补助对象、范围及标准，规范了渔业资源增殖放流项目的申报与审批制度，制定了渔业资源增殖放流项目及资金监督管理制度。

### （五）关于修复振兴浙江渔场的若干意见

“东海鱼仓、中国渔都”，历来是浙江的一张金名片。面对东海渔业资源迅速衰退的态势，“东海无鱼”的危机背后反映的是很多现实难题：一是捕捞产能严重过剩。据科研部门估测，浙江渔场渔业资源年蕴藏量为 400 万吨左右，年最大持续可捕量约 200 万吨。但目前，浙江有各类海洋机动渔船 3.45 万艘（且近 1/3 为涉渔“三无”船舶），功率超过 400 万千瓦，近 5 年来年平均捕捞量为 300 多万吨，超出最大可捕量 50％以上，大大超过资源承载力，海洋渔业资源长期处于过度捕捞状态。加上渔具渔法不科学、渔民生产不自律、部分地区执法不力等，导致渔民捕捞大小通吃。捕捞产能严重过剩已成为目前浙江渔场资源持续恶化最直接、最主要的原因。二是海上污染影响有所加剧。陆源污染没有根本性好转，致使近海赤潮依然多发，再加上滩涂围垦、海底管线以及繁忙的海上交通等人类活动的影响，对重要经济鱼类的产卵场、索饵场和洄游通道造成重要影响。对比发现，近年来东海海域优势鱼种中的典型底层鱼类的比例下降，中上层鱼比例上升；大型鱼、高龄鱼少了，小型鱼和一年生的虾蟹类、头足类等显著增加。三是海上执法力量相对单薄。目前浙江具有海上执法能力的渔政船数量偏少，每条渔政船平均要管理在籍渔船 2000 余艘，管辖海域面积 1.8 万平方千米，查获海上违法行为的可能性一直处于低位。加上近年来省外渔船越界捕捞等违法违规行为层出不穷，有限的执法力量难以有效覆盖浙江严峻的渔区形势。对此，2014 年 7 月浙江省委、省政府围绕干好“一三五”，实现“四翻番”和“建设美丽浙江、创造美好生活”的总体部署，以推进海洋经济强省、生态文明建设为统领，以振兴浙江渔场为目标，以“打非减船”、修复资源、强化管理为重点，坚持统一行动、属地负责，统筹兼顾、堵疏结合，改革创新、综合施策，使海洋捕捞强度与渔业资源再生能力相适应，促进海洋渔业可持续发展和渔民持续增收的总体思路，制定了《关于修复振兴浙江渔场的若干意见》。

该意见结合浙江省、市级设定了系列主要目标。一是到 2015 年，打击取缔涉渔“三无”船舶取得阶段性成果，“船证不符”捕捞渔船、渔运船基本整治到位，非法捕捞行为、捕捞能力无序增长和渔业资源恶化态势得到有效遏制。二是到 2017 年，涉渔“三无”船舶全面取缔，非法捕捞杜绝，国内海洋捕捞渔船转产退出机制初步建立，全省压减海洋捕捞产能 50 万千瓦以上。4 年累计增殖放流水生生物苗种 60 亿尾(粒)，浙江渔场渔业资源水平力争恢复到 20 世纪 90 年代末的水平。三是到 2020 年，防控涉渔“三无”船舶和“船证不符”捕捞渔船长效机制基本建立，海洋捕捞产能进一步压减。基本建立渔业资源科学利用、依法管控的长效机制，全面建成资源与环境动态监测体系，渔船、渔民服务管理信息化、智能化，直排海污染源稳定达标排放。建成 15 个海洋保护区、9 个产卵场保护区、6 个海洋牧场，累计增殖放流各类水生生物苗种 100 亿尾(粒)。浙江渔场渔业资源水平力争恢复到 20 世纪 80 年代末的水平，海洋捕捞与资源保护步入良性发展轨道。

### (六)浙江省发布全国首个《重要海洋渔业资源可捕规格及幼鱼比例》省级地方标准

2015 年 1 月，浙江省质量技术监督局批准发布了全国首个《重要海洋渔业资源可捕规格及幼鱼比例》(DB33/T949—2014)省级地方标准。标准的实施将有利于改变目前浙江省渔业捕捞方式，改善海洋渔业生态环境和群落结构，为渔业资源管理、修复振兴浙江渔场提供了技术支撑。

近十年来，由于捕捞结构不合理和酷渔滥捕，浙江渔场渔业资源结构呈现恶化和退化趋势，海洋生态系统遭到严重的破坏。渔获物规格越来越小，幼鱼比例高，市面上充斥着只有4～5厘米大的鲳鱼、如筷子般细的带鱼；数不清的小鱼小虾被做成鱼粉和鱼料，不但经济效益低，而且直接造成重要鱼类产卵亲体数量和幼鱼产量下降；近海鱼类资源几近枯竭，将面临“无鱼可捕”局面，迫切需要制定标准予以规范。

《重要海洋渔业资源可捕规格及幼鱼比例》标准由浙江海洋水产研究所为主起草，标准规定了浙江海域带鱼、黄鱼、银鲳等18种主要经济鱼类最小可捕规格、渔获物的幼鱼比例等技术内容。标准确定的技术指标是我省海洋资源保护专家几十年的经验积累，在借鉴大量历史数据和国外先进经验基础上，综合考虑我国、我省沿海的实际情况，强调科学性、权威性、区域性原则，从生物学、经济学和社会学的角度考虑，规定最小可捕捞鱼的长度和重量。如：带鱼最小可捕规格是：体重125克或肛长205毫米，银鲳体重90克或叉长140毫米，并附有18种鱼的图片以及体长测量示意图，为渔民在捕捞作业时选择鱼群或及时转场提供参考，也为监管执法者加强监管提供直观简便可操作的依据。

此外，浙江省十分重视海洋资源保护重要标准的研究制定，用标准化手段规范捕捞行为。如浙江省已经出台《围网取鱼部最小网目尺寸》(DB33/T 883—2012)，《有囊围网最小网目尺寸》《海洋渔捞日志规范》也正在制定中。随着一系列捕捞地方标准的相继出台，各部门加强宣传和监管，将不断提高我省渔民按标准捕捞意识，从根本上保护浙江省主要经济鱼种资源，改善种群结构，引导渔业生产和渔业资源保护良性循环，促进我省海洋渔业资源的可持续利用。

(七)海洋渔业资源重点保护品种可捕规格及幼鱼比例制度

2015 年 10 月,浙江省海洋与渔业局为加强海洋渔业捕捞管理,保护海洋渔业资源,根据《中华人民共和国渔业法》《浙江省渔业管理条例》规定,结合浙江省实际,就浙江省实施海洋渔业资源重点保护品种可捕规格及幼鱼比例制度做了详细的通告。

公布了浙江省海洋渔业资源重点保护品种及其最低可捕规格。

带鱼:体重 125 克,或肛长 205 毫米。

小黄鱼:体重 50 克,或体长 145 毫米。

大黄鱼:体重 250 克,或体长 255 毫米。

银鲳:体重 90 克,或叉长 140 毫米。

鲐:体重 130 克,或叉长 220 毫米。

刺鲳:体重 55 克,或叉长 130 毫米。

蓝点马鲛:体重 430 克,或叉长 380 毫米。

蓝圆鲹:体重 50 克,或叉长 150 毫米。

灰鲳:体重 110 克,或叉长 155 毫米。

白姑鱼:体重 60 克,或体长 135 毫米。

绿鳍马面鲀:体重 80 克,或体长 160 毫米。

黄鳍马面鲀:体重 30 克,体长约 110 毫米。

鳓:体重 150 克,或叉长 260 毫米。

海鳗:体重 500 克,或肛长 275 毫米。

竹筴鱼:体重 50 克,或叉长 155 毫米。

石斑鱼类(青石斑鱼和赤点石斑鱼):体重 250 克,或体长 245 毫米。

三疣梭子蟹:体重 125 克,或头胸甲长 60 毫米。

曼氏无针乌贼:体重 75 克。

公布了幼鱼比例限量。航次渔获量中,主捕对象为海洋渔业资源重点保护品种时,其幼鱼比例不得超过同种类渔获量的 20%。

航次渔获量中，所有海洋渔业资源重点保护品种的幼鱼合计比例不得超过航次总渔获量的25%。灯光围、敷、罩网航次渔获量中，带鱼幼鱼比例不得超过总渔获量的5%。网次渔获量中海洋渔业资源重点保护品种的幼鱼比例超过前述限量规定时，应当及时放回幼鱼、停止作业并转移渔场。捕捞的渔获物中幼鱼超过规定比例的，一经查获，依据《渔业法》第三十八条规定予以处罚。关于体长、叉长、肛长、头胸甲长、幼鱼、主捕对象、渔获量等定义及幼鱼检测方法，按照浙江省地方标准《重要海洋渔业资源可捕规格及幼鱼比例》(DB 33/T 949—2014)执行。

## 二、国内外海洋渔业资源管理制度的经验与启示

日本渔业资源管理制度。日本四面环海，有北海道、四国、本州、九州四个大岛和其余6800余个小岛屿，海域面积较大，200海里专属经济区面积相当于国土面积的10倍以上。日本国土狭窄，山地多、耕地少，资源贫乏，进口依赖在90%以上。在此背景下，日本非常重视海洋渔业，是当今世界上渔业最发达国家之一。日本的渔业产量很大，海洋渔业生产包括远洋渔业、沿岸渔业、近海渔业、海水养殖，其在近海渔业资源管理方面的做法主要有以下几方面：一是建有完备的渔业自治管理机构。日本海区渔业调整委员会由渔民代表组成的，行使渔业调整、渔场管理等职责。每个都道府县设立1～2个海区，每个海区设立海区渔业调整委员会来处理辖区事务。成立海区委员会和联合海区委员会，可协调处理解决跨海区或特定渔业调整等问题，规定知事在认定渔业权、制定资源保护规定、改变渔业调整等方面需听取海区委员会意见。上述两个委员会在实施渔业调整期间，有权制定渔获采捕限制规定。同时成立渔业协会，渔民们进行充分的交流意见和协商，共同制定出严格的当地渔业管理规定，其协定内容在获得国家、都道府县的认定后可实施。二是加强水域资源保护。完善渔业管理等法律法规，组织实施“资源恢复计划”，严格执行捕捞管理制度，加强综合执法管理等措施，有效保护专属经济区的水域资源，不断提高海洋

生态系统的修复。三是开展海水养殖和增殖放流。划定海水养殖场地、改良水域环境，提高海水养殖生产及质量；深入开展定向养殖，挑选优良种苗组织再生产和增殖放流，实现优质生产，增加海洋渔业资源。四是加强渔民培训。经常性组织渔民参加培训，提高其技能水平和管理能力，支持渔民自主减船，发展休闲渔业、养殖渔业，确保渔场合理化利用。

韩国渔业资源管理制度。韩国三面环海，拥有广阔的领海海域和悠长的海岸线长，海洋渔业占据韩国经济生活重要位置。近年来随着海洋渔业资源的日渐衰退，韩国早已意识到确保海洋渔业资源的可持续发展是保障国家粮食安全资源的重要意义，并及时调整了相关法律，采取了一系列措施来进行维护，如原来韩国的水产品是做自我消费和部分出口，但目前水产品为净进口。同时由于全球范围内出现海洋环境恶化、海洋资源衰退等情况，《联合国海洋法公约》出台实施，致使被允许自由控制的捕捞区域进一步缩小，海洋渔业资源利用空间也正进一步缩小，韩国渔业在这种背景下积极进行自我目标改革，提出"从捕捞渔业转向养育渔业"发展战略，并紧紧围绕战略目标制定海洋渔业资源可持续发展的相关法规，实施管理措施。一是出台捕捞许可证制度。根据捕捞作业位置、船舶吨位进行分级管理和审批，其中远洋渔业作业单位需由国家海洋与渔业部审批下发相应捕捞许可证，近海海域渔业作业向当地政府申请获得许可。捕捞许可证除了对捕捞资格进行认证外，还详细规定了渔具类型、捕捞方法、捕捞周期、许可证有效期限，以统筹管理整个渔业作业捕捞活动，进而减少捕搜行为对可持续渔业产生负面影响。二是限制捕搜行为及工具。韩国已限制使用捕捞强度高的捕捞工具，其中包括刺网和陷阱网。同时制定各种法律法规，对捕捞人员、工具等进行统一的登记和管理，如要求渔业作业渔民登记渔具拥有者等信息。三是打击"三无"渔船。"三无"渔船是指不报告、非法、非法捕捞的渔船，其在全球范围内普遍存在，并对可持续渔业发展带来极为不利影响。韩国通过不断完善法律体系，有效防止"三无"渔船捕搜，其中对捕捞许可证各项内容进行复核，对不符许可证情形或未取得许可证的渔船从事捕捞作业的，处以 3 年关押和 200 万～2000 万韩元的罚款。四是实施渔业资源增殖。采取一系列措施实施渔业资源增殖，如打造海洋生物种类的人造栖息地“人工鱼礁项目”、优质苗种培育和放流、建设海洋牧场等。

挪威渔业资源管理制度。挪威是世界上最早成立渔业部的国家，他们于 1946 年在首都奥斯陆设立了渔业部。渔业部主要职能是负责管理全国海洋捕捞、渔业立法、渔业资源保护、水产养殖、海岸安全、鱼品质量、海洋科研、出口贸易、渔业资金等；主要目标为建立一个获利且可持续的捕捞渔业、水产养殖渔业，并在挪威沿岸区域建立起有保障的经济环境、安全的海上交通环境。挪威实行许可证制和捕搜配额制。注册登记包括渔船登记、买方注册登记、渔民登记、加工厂注册登记。渔船注册登记制度规定，建造新船须先申请许可证；所有渔业作业参加者均需进行登记注册，拥有一个唯一的注册号码；渔船所有渔业许可记录由当地渔业管理机构输入渔业局的渔业管理数据库网络系统。挪威渔业管理咨询委员负责协助制定捕捞配额相关制度，在充分听取渔民、有关人士等意见建议基础上，将配额建议方案提交有关部门，目前该国的国内捕捞额度分配权由挪威渔业部掌握，建议方案由渔业局做出。渔业局先将某种鱼的限额通知各渔业社团，渔业社团先自行协商确定不同作业方式分配数额，接下来确定每条船配额，进而交由渔业局将分配方案上报渔业部批准，最终由渔业社团将获批确定的捕捞数额通知各渔船。政府明确规定，船长超过 13 米的渔船应及时填写捕捞日志等一整套生产统计表；船长超过 21 米的大型渔船，船主须详细填写捕捞日志，挪威海岸警备队对其进行不定期抽查，将日志内容和船内渔获物情况进行比对，以达到有效控制渔船实际捕捞量。另外，挪威渔民成立了自己的销售组织，有组织地开展经营和销售活动，确保鱼的价格能保持稳定的高位，并有较为合理和可靠的付款期限。挪威就是通过这个组织的自身运作，结合渔业咨询、质量控制系统，最终来实现渔民渔获量的配额与统计，渔产品质量控制，以及保障渔民取得鱼款等目的。

台湾渔业合作组织管理制度。台湾的渔业合作组织简称为“渔会”，它是以维护渔业权益、渔民利益为宗旨的民间性渔业自律组织，是当前较为成功有效的渔业管理模式。台湾渔会分为全岛渔会、省渔会及直辖市渔会、区渔会三个等级，现由39个区渔会组成，各区渔会设立是以渔区划分为基础，以地区渔民入会为会员。台湾渔会组织机构健全，设有会员大会、理事会、监事会、理事长、常务监事、总干事等机关，在总干事下分设为会务、财务及财务各课，课又分设各股。区渔会依据渔业类别或行政区划设置渔民小组。台湾渔会在相应的层级上，都有对应的主管机关对其所经营的业务进行具体的指导和监督。台湾渔会有经济、服务和金融三大主要职能。服务职能包括提供海难救助服务，向渔民提供科技推广培训等，金融职能指向渔民发放贷款，向救助基金提供资金，渔民无须抵押便可获得贷款。除此之外，台湾渔会还具有反映渔情、调解纠纷的作用，协助解决渔业困难问题，办理两岸渔业交流，处理两岸渔民海上纠纷等事项。以台湾东部的花莲区渔会为例，近年来花莲地区的近海渔场生态环境发生了巨大的改变，海洋渔业资源保育工作刻不容缓，花莲区渔会采取多项措施保护东部海域的渔业资源。针对台湾南部、北部大型的围网渔船进入东部海域捕捞渔业资源，导致辖区渔获量、东部海域渔业资源总量逐渐下降等问题，花莲区渔会严禁大型围网渔船在鱼苗、鱼卵育成期进入东部海域采捕，并联合区域的主管行政部门对本地区的渔业资源总量进行评估，合理控制入海的渔船数和总吨位数；日常组织活动，宣传渔业资源“全民共享”观念，树立保护渔业资源共识，改变“我保育不一定我受益”的传统观念，广泛动员全体民众共同管理和保护海洋渔业资源。

启示：

渔民自我管理的组织体系较为完整。不论是日本还是台湾的渔业合作组织，它们在发展过程中都有一些共同的特点值得我们借鉴。一是渔民完全自愿。渔业合作组织的成立、职能、运转等所有内容都由渔民进行相互协商、交流来达成一致意见，而渔民是否加入合作组织也由渔民根据自己意愿和需要来自行决定，不受到外界的干扰和支配；加入渔业合作组织并不会改变渔民所有的生产资料性质，其组织成员依然是独立的经济主体，自主经营、自负盈亏；该组织开展指导、服务其成员的渔业生产活动，双方是平等关系。二是与政府密切相关。在渔业合作组织的成立之初，并没有政府行为的干预，大都是渔民在长期渔业生产活动中自发组织成立，它将分散的个体渔民组织起来，保护他们在渔业生产活动中的经济利益；后来伴随着渔业生产活动规模的逐步扩大，渔民各项需求显得更为复杂和多样，合作组织的职能也随之逐步扩展；接着政府部门开始关注这种自治性质的组织，或者采取监督、合作的方式，或者通过行政手段来赋予其一定的权限和责任，以此实现政府对渔业活动的有效管理，此举可节约大量的政府行政资源，并切实提高了海洋渔业资源管理的效率。三是组织内部科学化管理程度很高。政府制定出台相关的法律规定、组织规章为合作组织的正常运行提供法律基础，它的职能和权力都可以通过法律规章来进行明确，能够保障组织的高效运转。他们有健全的组织机构，上下级之间的等级划分清晰，即便是对同级职能部门间的职责权限也进行了明确界定，由此来保证渔业合作组织的运转效率，更好地管理渔业活动相关事务。四是能切实保障渔民利益，有效约束渔民行为。渔业合作组织为当地渔民在渔业生产活动中所产生的矛盾冲突的解决创造了一个良好的沟通、交流平台。在该组织中，渔民们能准确反映其自身利益诉求，并可以公平地获得海洋渔业资源分配。

海洋渔业资源管理措施较为严密。上述国家和地区海洋渔业资源管理的具体举措是十分周全的，执行十分严格，且取得了明显成效。如韩国很早就实行了捕捞许可证制度，详细规定了渔具类型、捕捞方法、捕捞周期、许可证有效期限、捕捞区域等具体细则，努力减少对渔业可持续发展的影响；又如挪威根据某种鱼的限额来最终确定每条渔船的捕捞数额，并按船体大小来进行不定期的抽查。我国虽然早在1979年就引进实施捕捞许可证制度,却并没有取得预期的良好效果。主要原因还是早前国内的海洋捕捞是简单地把自由准入规定变为有管制的自由准入。业内人士认为这个制度只是限制了海洋捕捞业包括渔船的数目、渔具的类型、捕鱼的方法在内的少数要素,国家还是允许捕鱼季节或渔场对满足条件的渔船"自由准入"的。我国在1981年的政府报告中,曾经把渔业捕捞能力过剩问题作为最重要问题来提出和强调。中央政府也曾经在1987年第一次探索通过控制渔场的总马力数来对捕捞能力进行控制,但收效甚微。我国又在1997年实行"双控"制,即控制渔船发动机总功率、控制渔船总数,渔业部门重新分配国内沿海的各省份、各城市的渔船捕捞许可证配额,但事实证明该项政策没有取得预期效果,捕捞能力也没有得到有效限制。在1998年,我国农业部还对长期以来的持续高强度的渔民捕捞行为提出了海洋捕捞计划产量实行"零增长"的目标,并出台相关措施来积极鼓励捕捞的渔民进行转产转业。

海洋污染治理较为综合。海洋污染是由多种因素综合造成的,是一个长期积累、由量变到质变的漫长过程,因此只抓单项治理完全不能真正解决问题。我国自1979年以来就相继制订出台了《中华人民共和国环境保护法》《海洋环境保护法》《海洋倾废管理条例》《港口的水域保护条例》《水污染防治法》《防治船舶污染海域管理条例》等专门涉及环境保护、防止海洋(水)污染的法律规则,但贯彻落实的情况及取得的成效却并不是很理想。在经济社会快速发展的今天,海洋污染日益加重的现状已经引起了各地政府和社会各界的广泛关注。国内包括秦皇岛市等沿海城市探索开展了一系列海洋污染综合治理的活动,打出了重点整治的"组合拳",并取得了积极成效,值得借鉴。如树立海洋开发与环境保护协调发展的工作理念;源头控制污染源的排放;不断健全环境保护法制;加强政府部门执法力度和执法监督,克服地方保护主义,将海洋污染整治及环境保护工作摆在重要议事日程,真正做到"执法必严,违法必究";推进海洋生态修复工程;等等。

# 第六章　浙江海洋生态环境的保护

## 第一节 浙江海洋生态环境问题

浙江是海洋大省，海洋生态文明是生态文明建设不可或缺的重要组成部分，美丽浙江离不开美丽海洋。《中共浙江省委关于建设美丽浙江创造美好生活决定》明确提出把海洋生态文明建设作为浙江生态文明建设的重点任务，为全省海洋生态文明建设指明了方向，提出了新要求。当前浙江的海洋生态环境不容乐观，海洋资源开发与海洋生态环境保护的矛盾凸显。大力实施海洋经济可持续发展战略，在开发利用海洋资源的同时，重视海洋生态建设，实现经济效益、生态效益和社会效益的协调统一，是当前各级政府需要认真思考和研究的重要课题。

### 一、海洋生态环境污染的现状

陆源污染日趋严重。统计资料显示，全省因生活污水和工业废水排放，流入海域的污染物总量在逐年增加。2014 年秋季、冬季全省近海岸符合第一类海水水质标准的海域面积近 0 平方千米，全省冬季第四类和劣于第四类海水水质标准的海域面积分别约为 7548 平方千米、33300 平方千米，约占近岸海域面积的 17%、75%。多年的监测结果表明，入海排污口废水超标排放现象普遍存在，超标排放因子中最严重的是我国水污染物排放总量控制指标之一的化学需氧量，其次为氨氮。春季、夏季、秋季和冬季无机氮含量劣于第四类海水水质标准的海域面积分别约为 19980 平方千米、14935 平方千米、26640 平方千米、33300 平方千米。近岸 70% 以上的海域呈富营养化状态。① 具有毒害作用的苯胺和多氯联苯在多个排污口检出，排污口附近海域底栖生物减少，有些排污口附近海域出现无大型底栖生物区。象山港沿岸共设有65个排海口，沿岸陆域工业废水和生活污水排放、海上作业船舶排污、电厂温排水给象山港海域生态环境带来了巨大的压力。环境承载力研究资料显示，每年未经处理直接排入象山港的生活垃圾达31万吨、生产生活污水5423万吨。港内生态环境质量下降，局部出现海水富营养化和生态恶化现象，赤潮频发，生物多样性减少等生态问题突出。②

海水养殖自身污染依旧存在。海水养殖特别是网箱、围塘养殖投放了过量的小鱼小虾作为饵料，过剩饵料的腐烂严重污染了水体；围塘和滩涂养殖使用大量农药进行清塘，清塘的污水和淤泥直接排放入海，污染了海水，毒杀了海洋生物。2014年全省近岸海域共发现赤潮18次，累计面积1720平方千米，其中有害赤潮5次，面积242平方千米。全省监测的8个重点海水养殖区及邻近海域共发生赤潮5次，累计面积为731平方千米，赤潮生物优势种主要为东海原甲藻、米氏凯伦藻和赤潮异弯藻等。但随着标准化池塘改造的推进、生态养殖模式的推广、网箱养殖削减方案的实施、滩涂养殖的减少、牡蛎养殖的退出，海水养殖面积在逐年减少，养殖业造成污染的比重有降低趋势。③

不合理的海洋工程兴建和海洋开发，使局部海域生态平衡遭到破坏。近年来浙江临港重化工业和能源基地的大规模新建、海岸工程的频繁施工、海洋工程开发以及港口航运等的快速发展，在拉动GDP快速增长的同时，导致大量滨海湿地消失，近海海域生

① 农业部渔业渔政管理局:《中国渔业统计年鉴(2014)》,中国农业出版社2014年版。

② 阎勤、吴勇、周雅静等:《宁波海洋生态环境建设对策》,宁波市人民政府发展研究中心,2015年10月8日。

③ 浙江统计局:《2014年浙江省国民经济和社会发展统计公报》。

态自修复能力减弱甚至消失，海洋生态逐渐脆弱化，海洋生态环境资源压力日趋沉重。宁波近海每年有5～6次船舶溢油事故，化工品和溢油污染风险增加，海上油污染对周边的海洋渔业、滨海旅游及海洋生态系统会造成毁灭性的破坏，特别是油膜凝聚物具有潜伏性，海洋生物具有生物富集的特性，石化污染物会在生物链中逐级富集，最终影响人类。

违法倾倒废弃物行为骤增。在对入海排污口及其邻近海域水环境质量状况监测过程中，每年都有发现部分县市的企业或个人直接将垃圾在海边填埋处理或直接在海边倾倒的现象，也有发现企业用槽罐车将污水拉到海边直接倒入海中的情况。

无证经营的休闲船舶违章搭客使沿岸和海域海洋生态环境受到污染。浙江海岸线蜿蜒曲折，岬湾相间，岛屿众多，海域生态环境多样，鱼类品种独具特色，自然气候适宜，文化底蕴丰富，为发展海洋休闲渔业奠定了基础。随着人们生活水平的提高和交通的便捷，前来旅游的游客日益增多，海洋休闲渔业作为一种新型产业正在悄然兴起。但是，目前以宁波市为例，全市经批准建造并从事海洋休闲渔业的休闲渔船仅17艘，在沿海地区尤其是象山港海域，有众多的渔船、小型机动船甚至“三无”船舶（指无船名船号、无船舶证书、无船籍港的船舶）擅自搭载前来海滨度假游玩的游客从事海上观光、垂钓等休闲渔业经营活动，节假日更为明显。这类船舶从事休闲渔业活动，不但安全隐患严重，而且由于缺乏必要的环保设施，也没有相应的管理制度、管理工作人员及垃圾贮集器，营运过程中产生的含油污水、生活垃圾和其他固体废弃物随意排放，使海洋环境受到污染。

## 二、海洋生态环境问题的原因

### （一）海洋生态环境管理体制机制尚需健全

海水污染具有流动性、系统性，周边地区排放的污染物以及相邻海域污染会影响本省海域生态环境，全面改善海洋生态环境质量离不开区域性的共同努力。建立区域海洋环境保护合作机制，整合区域海洋环境保护资源和力量，共同研究处理区域海洋生态环境问题，在环境管理、污染防治、生态保护、环境科技与产业等领域全方位开展合作，有利于提高区域海洋环境保护的整体水平，进一步改善区域海洋生态环境状况；有利于构建优势互补、资源共享的互利共赢格局，实现区域海洋生态环境与经济社会全面、协调和可持续发展。而目前浙江省尚未与周边地区以及浙江省内所辖各个市、县(市、区)之间建立海洋环境保护区域一体化的协调合作机制，仅靠各个市、县(市、区)"单打独斗"地开展海洋生态环境保护，很难取得根本性好转。

海洋生态环境保护是一个庞大的系统工程，不仅投入大，更涉及渔业资源增殖、生态环境保护监测、陆上污染源整治等诸多方面。但目前海洋生态环境保护工作处于"五龙治海、各自为政"的局面，跨部门协作配合机制尚未建立，海洋生态建设的合力尚未形成。《海洋环境保护法》规定，海洋、渔业、环保、海事、水利、部队等部门根据分工对不同类型的污染源实施监督管理。但在具体实施中，由于尚未建立统一的领导协调机构，海洋生态环境存在着监管工作尚不规范，职能存在一定程度的交叉和重叠、责任相互推诿等现象，监测、监管和执法力量分散，缺乏合力，效率低、成本大。

(二)自然环境因素对海洋生态环境的影响

近 30 年，随着气候变暖，浙江沿海的海平面呈明显上升趋势。据《2011 年中国海平面公报》，2011 年，浙江沿海海平面比常年高 50 毫米，比 2010 年低 17 毫米。根据 2011 年调查统计结果，2010 年浙江沿海地面沉降幅度大于 10 毫米和大于 30 毫米的面积分别约为 617 平方千米和 37 平方千米，其中宁波等重点发展城市为主要沉降区，地面沉降增加低地易淹面积，海平面上升风险进一步加大。预计 2050 年，浙江沿海海平面将比常年升高 130～170 毫米。

气候变化已经对浙江海岸带环境和生态系统产生了一定的影响，主要表现为海岸侵蚀和海水入侵，使珊瑚礁生态系统发生退化;发生台风和风暴潮等自然灾害的概率增大,造成海岸侵蚀及致灾程度加重;滨海湿地、红树林和珊瑚礁等典型生态系统损害程度也将加大。气候变化同时也对浙江沿海地区应对气候变化的能力提出了现实的挑战。沿海是人口稠密、经济活动最为活跃的地区,沿海地区大多地势低平,极易遭受因海平面上升带来的各种海洋灾害威胁。未来中国沿海包括浙江沿海由于海平面上升引起的海岸侵蚀、海水入侵、土壤盐渍化、河口海水倒灌等问题,将对中国沿海地区应对气候变化提出了现实的挑战。

此外,根据《2011 年中国海洋灾害公报》,我国 2011 年共发生 114 次风暴潮、海浪和赤潮过程,其中 44 次造成灾害。各类海洋灾害(洽海冰、涌潮等)造成直接经济损失 62.07 亿元,死亡(含失踪)76 人。其中,2011 年海洋灾害死亡(含失踪)人数最多的省份是浙江省,为 22 人。2011 年,日本“3.11”特大地震并引发海啸,浙江沈家门验潮站监测到的海啸波幅为 55 厘米,为我国沿海监测到的最高海啸波幅;浙江石浦海洋站监测到 52 厘米的海啸波。受其影响,国家海洋预报台针对浙江沿岸发布海啸蓝色警报,这是我国开展海啸预警业务以来首次发布海啸警报。2011 年 8 月上旬,超强台风“梅花”沿我国近海北上时,受风暴潮和近岸浪的共同影响,浙江省防波堤损毁 13.75 千米,护岸损坏 54 个,码头损坏 43 个,船只损毁 148 艘,道路损毁 0.37 千米,因灾直接经济损失 1.92 亿元。2011 年我国近海海域共发生灾害性海浪过程 37 次。海浪灾害直接经济损失主要发生在浙江省,为 3.99 亿元,占全部直接经济损失的 90.3%;人员死亡(含失踪)主要发生在浙江省、福建省和广东省,分别为 14 人、14 人和 13 人。另外,2011 年 5—6 月,浙江省温州苍南石坪附近海域发生赤潮,持续时间 23 天,最大面积为 200 平方千米。赤潮优势种为东海原甲藻,赤潮水体呈绛红色并伴有异味,对炎亭、海口、渔寮海水浴场水质有一定影响;杭州湾钱塘江全年共监测到咸潮入侵过程 3 次,钱塘江一带水厂取水点盐度累计超标时间超过 90 个小时,影响天数达 8 天。

（三）海洋岸线开发、沿海临港产业布局不尽合理

一是工业岸线开发比重过大。对于各种岸线资源的开发利用，使得全省海岸人工化趋势十分明显，存在着工业交通岸线比例过大、生态保护与生活及旅游岸线比例偏低的现象。由于海岸线的不合理规划及开发，打破了海岸生态系统原有的物质平衡，近岸海域生态稳定性受到明显影响，鱼类及其他海洋生物赖以繁衍生息的栖息地、产卵场、索饵场的滩涂湿地面积逐年减少，对海洋生态环境的影响逐年增加，海洋生态环境压力不断加大。

二是沿海临港产业布局不尽合理。一些石化、电力等临港产业布局不合理，有些地方把污染大的项目布局在近岸地带甚至在环境敏感区，使局部海域生态环境压力增大。不符合标准的排污直接排至海洋，导致近岸局部海域受陆源污染影响增大。即使每个项目都是达标排放，由于区域环境整体承载能力的限制，许多大型化工园区或项目聚集在一起，还是会产生污染叠加效应，由此产生了一系列海洋生态安全隐患和经济效益不可持续问题。

（四）海岛生态环境告急

目前，我国海岛开发利用正处于无序无度的状态，粗放的开发方式对海岛资源破坏十分严重。海岛正以惊人的速度消失。其中，炸岛炸礁、填海连岛、采石挖砂、乱围乱垦等活动大规模改变了海岛地形、地貌，甚至造成部分海岛灭失。在海岛上倾倒垃圾和有害废物，采挖珊瑚礁，砍伐红树林，滥捕、滥采海岛珍稀生物资源等活动，致使海岛及其周边海域生物多样性降低，生态环境恶化。全国海岛彻底完成整治修复的资金缺口大概在数百亿元到近千亿元。国家海洋局 2011 年披露，我国海岛正以惊人的速度消失，且资源破坏严重。

近年来，浙江沿海也出现了不同程度的非法炸岛采石事件。某些海岛因采砂船在滨海区抽砂作业频繁，导致防护林倾倒，树根裸露，沙质海岸蚀退严重。大多数有居民海岛由于公共设施落后，没有污水处理设备，仍采取原始的垃圾填埋方式，生活污水甚至工

业废水都直接排人海中，造成海岛及其周边海域环境不断恶化，重金属污染现象严重，鱼虾大量死亡，海水恶臭，大气能见度低。随着浙江海洋经济的发展，浙江各地未来几年提交海洋主管部门的用岛项目申请将出现新的集中期，海洋行政主管部门在审批用岛项目申请时，一定要确保海岛保护和利用规划及海岛使用项目的环保高标准，确保海岛保护和利用规划的有效实施和严格执行海岛使用项目的环保标准。

### （五）环境监测技术和手段相对落后

当前，浙江海洋生态环境监测工作与先进沿海地区之间仍存在一定的差距，主要体现在对多部门监测能力的整合不够，高精度和长期监测仪器设备能力不足，监测运行经费存在一定缺口，监测工作主要为常规海洋监测内容，信息处理及产品开发与服务水平有待提高等方面。同时，随着经济社会的不断发展，海洋监测工作也逐渐显现出一些与经济社会发展不相适应的问题。海洋环境自动监测浮标系统建设刚刚起步，海洋生感监测这一重要技术手段尚未得到广泛应用，在组织管理体制、技术方法标准、人员队伍素质和服务水平能力等诸多方面不能满足新形势下海洋生态环境建设的需要。监测能力有限，监测信息来源少、数据分散，尚未构建起远程海洋生态环境自动化监测系统，不能有效实现远程操控，解决实时、连续、自动监测、非接触、节省人力等问题。

### （六）海洋资源开发引发的社会问题日益突出

一是海域环境污染日趋严重，影响生态环境和渔业资源，渔民权益受到损害。近年来，因工业废水及涉渔工程等废水、泥浆超标排放和农药污染等造成的渔业污染事故次数增多，受污染面积扩大和经济损失有所增加。近岸海洋生态环境的污染严重影响了原有的海洋生态系统，导致海域生物多样性受到侵害，生物资源严重衰退，一些鱼虾生长繁殖和水生野生动物栖息场所被严重破坏。临港产业污染海洋生态环境使农民、渔民权益受到损害的问题也时有发生，个别地方还相当严重。

二是海洋捕捞水域、海水养殖空间缩小，渔民“失海失涂”现象加剧。随着海洋资源的进一步开发，以及海洋经济的快速发展，浙江省渔场海域呈“管线密布，航线纵横”的状态，侵占了传统的海洋作业渔场。而临港工业、国家重点项目和国防建设用海范围日益扩大，也使传统作业渔场大幅缩小。近年来填海造地、旅游开发、沿海建厂、港口码头建设等涉海工程项目快速增多，浅海、滩涂、鱼塘大量被征用，海水养殖面积逐年减少。沿海海域滩涂围垦征用造成渔民“失海失涂”和由此引起的养殖权征用补偿、渔民转产转业和社会保障制度建设等已成为当前农村渔区群众反映强烈的热点问题。

## 第二节　浙江海洋生态文明示范区的建设和管理

党的十八大明确提出大力推进生态文明建设，建设海洋强国的战略部署。海洋作为蓝色国土，是生态文明建设的重要组成部分。海洋生态文明作为人类遵循人、海洋、社会和谐发展这一客观规律而取得的物质与精神成果的总和，对推动海洋事业科学发展，实现人海和谐意义重大，影响深远。我国海洋管理部门长期致力于推动海洋生态文明建设，特别是近年来，在沿海各地取得一定成功经验的基础上，从政策、法规、规划等层面建立了一套相对完善的理论体系。为加快推进海洋生态文明建设取得更大成绩，2012年初，国家海洋局提出建设海洋生态文明的具体要求，国家海洋局局长刘赐贵发表了题为《加强海洋生态文明建设，促进海洋经济可持续发展》的署名文章，详细阐述了海洋生态文明建设的重大意义，总体思路和重点任务。2012 年 2 月，国家海洋局向沿海各省、自治区、直辖市及计划单列市人民政府办公厅下发《关于开展“海洋生态文明示范区”建设工作的意见》，就促进沿海地区海洋生态文明建设与经济建设、政治建设、文化建设、社会建设协调发展，推动沿海地区海洋生态文明示范区建设提出了明确意见和目标，力争到“十二五”末建成 10～15 个国家级海洋生态文明示范区。

2012年9月,国家海洋局印发《海洋生态文明示范区建设管理暂行办法》和《海洋生态文明示范区建设指标体系(试行)》。2013年12月2日,国家发展改革委联合财政部、国土资源部、水利部、农业部、国家林业局制定和印发了《国家生态文明先行示范区建设方案(试行)》,要求各地区参照该方案,组织开展本地区的生态文明先行示范区建设活动。

## 一、海洋生态文明示范区的提出

海洋生态文明示范区建设主要完成四个任务。一是优化沿海地区产业结构,转变发展方式。积极推广生态农业、生态养殖业,大力发展海洋生物资源利用、海水淡化与综合利用、海洋能开发等海洋新兴产业,发展循环经济和低碳经济,用生态文明理念指导和促进滨海旅游业、海洋文化产业等服务产业的发展。积极实施宏观调控,综合运用海域使用审批、海洋工程环评审批和工程竣工验收等手段,促进产业结构调整和升级。二是加强污染物入海排放管控,改善海洋环境质量。坚持陆海统筹,建立各有关部门联合监管陆源污染物排海的工作机制。加快污水处理厂建设,限期治理超标入海排放的排污口,优化排污口布局,实施集中深海排放。积极建立和实施主要污染物排海总量控制制度,加强海上倾废排污管理,逐步减少入海污染物总量。三是强化海洋生态保护与建设,维护海洋生态安全。大力推进海洋保护区建设,在海洋生态健康受损海域组织实施一批海洋生态修复示范工程,试点开展滨海湿地固碳示范区建设,建立实施海洋生态保护红线制度,严格限制顺岸平推式围填海。同时,提高海洋工程环境准入标准,建立实施海洋生态补偿制度和海洋生态环境安全风险防范体系,编制区域应急响应预案。四是培育海洋生态文明意识,树立海洋生态文明理念。深入开展海洋生态文明宣传教育活动,建设海洋生态环境科普教育基地,发挥新闻媒介的舆论宣传作用,建立公众参与机制,鼓励社会各界参与海洋生态文明建设,营造全社会共同参与海洋生态文明示范区建设的良好氛围,牢固树立海洋生态文明理念。

海洋生态文明示范区建设不能简单地归结为海洋环境保护或者海洋经济发展，它是立足于示范区区域经济特点和海洋环境现状，通过区域范围内政府机关、海洋行政主管部门、科研院所、涉海单位的合作共建，实现人与海洋的和谐相处、协调发展。作为社会主义生态文明的建设的重要组成部分，海洋生态文明建设尤其是示范区建设具有重要的战略意义。

首先，海洋生态文明示范区建设有助于区域经济健康可持续发展。海洋生态文明示范区的建设有助于海洋资源有序开发、生态环境有效利用和科学保护，对海域污染防治和生态修复有着积极的作用。与此同时，示范区建设有助于周边区域海洋经济结构调整，对区域海洋产业布局优化有着巨大的促进作用，有助于推动区域海洋经济的全面、协调、可持续发展。

其次，海洋生态文明示范区建设符合区域科学发展观的需要。随着海洋经济的不断发展，海洋辐射城市的资源环境压力日益增大，海洋经济发展与海洋生态系统之间的矛盾已越发突显。严峻的形势要求我们必须用互利共赢的思想以及生态建设的理念来缓解经济发展与生态文明间的矛盾，从而推动区域社会科学的发展，因此，建设海洋生态文明示范区是科学发展观的需要。

再者，海洋生态文明示范区建设符合涉海社会群体的需要。海洋生态文明示范区建设离不开周边区域的涉海人民群众的支持和努力。在全面建设小康社会的新阶段，人民群众尤其是涉海人民群众对进一步提高生活质量、改善生活环境具有强烈的实际需求。因此，必须依托于海洋生态文明示范区建设，尽快扭转海洋生态环境恶化的趋势，努力构建和谐的人海关系，切实满足区域范围内涉海人民群众对于海洋生态文明的需求。

## 二、浙江省海洋生态文明示范区的基本情况

2013 年 6 月，国家海洋局正式发文批准山东省威海市、日照市、长岛县，浙江省象山县、玉环县、洞头县，福建省厦门市、晋江市、东山县，广东省珠海横琴新区、南澳县、徐闻县为首批国家级海

洋生态文明建设示范市、县(区)。

### (一)象山县国家级海洋生态文明示范区

象山因海而兴,依海而旺。尊重海洋、顺应海洋、保护海洋,象山用自己的方式靠海“吃”海,不遗余力地护海,成为中国首批12个国家级海洋生态文明建设示范区之一。在保护与利用之间,象山对待海洋的方式,现在变得更加虔诚和尊重。以前的海是生存之海,现在的海是休闲之海、时尚之海、运动之海。过去出海打鱼,赚的是卖鱼的钱,现在发展休闲渔业,打鱼变成时尚的海钓运动;过去渔家织网晒鱼,现在这样的生活场景包装成了民俗特色旅游内容。

象山还不遗余力护海。铁墩岛原先是一个“无鸟岛”,礁岩裸露、杂草丛生。2013年5月,韭山列岛国家级自然保护区联合浙江省自然博物馆和美国俄勒冈州立大学,在岛上开展人工引导干预鸟类选择繁殖地试验,吸引3000多只大凤头燕鸥和41只中华凤头燕鸥在岛上栖息繁殖。“通过生态改造,凤头燕鸥已经把铁墩岛当成自己的家了。”象山野鸟保护志愿者大队秘书长丁鹏说。中华凤头燕鸥被世界自然保护联盟列为极度濒危物种,而现在岛上至少有50只燕鸥雏鸟成功孵化。除韭山列岛国家级自然保护区外,象山还先后建成渔山列岛国家级海洋生态特别保护区和国家级海洋渔文化生态保护实验区,成为全国唯一拥有3个国家级保护区的县域经济体。①

不让污染“入海”。象山县近岸海域连接长江三角洲,陆源污染源对海洋的污染日益严重。污染在海里,根子在陆上。按照“陆海统筹,河海兼顾”的原则,象山综合推进海洋环境污染治理。运用现代高科技和信息手段,象山建立健全了海洋资源与环境数据库,海洋环境预警系统等海洋环保管理和监测体系,实现信息实时

---

① 张慧英:《“神话之鸟”再度回归韭山列岛》,《今日象山》2014年5月23日。

交换，有效地应对海上出现的各种情况和变化，包括大面积污染、赤潮的发现、控制和治理。象山还组建了全省第一支赤潮监视志愿者队伍，由养殖户、渔政渔港监督管理站船员、监测站工作人员等人员组成，发现赤潮征兆及时观察、记录、采样，采用短信形式第一时间报告县海洋环境监测站。象山境内多港湾，蜿蜒曲折，深入陆域，自身净化能力较弱。象山环保机构对附近海域进行环境监控，严格控制向象山港及近海排放超标污水。对于偷排污水到海里的企业，采取“零容忍”态度，先后取缔了 40 余家污染企业。2014 年 1—4 月，象山通过水源保护、河道清淤、工业治污、禽畜养殖治理、生活污水处理等五大工程开展治污攻坚战，清理总长 324 千米的 780 条垃圾河。同时，水源保护、工业治污、农村除污、污水处理等各项工作也全面启动，“五水共治”初见成效，城镇污水处理率达到 85%，工业污水基本达标排放，水质环境有所改善，劣四类和第四类水质海域面积较 2012 年减少 42%左右。[①]

### （二）玉环县国家级海洋生态文明示范区

近年来，台州玉环县坚持抓好海洋战略引领、海洋经济发展、海洋资源利用和海洋文化建设，立足天然深水良港大麦屿港区，统筹推进海洋生态文明建设与管理。

一是抓海洋战略引领，明确发展方向。玉环成功进入省 8 个综合利用岛开发序列，成为浙江省首个海岛统筹发展试验区，且有 18 个项目列入《浙江省“十二五”海洋经济发展重大建设项目规划》和《浙江省“三位一体”港航物流服务体系建设行动计划》。在此基础上，玉环制定了《浙江海洋经济发展示范区规划玉环县实施方案》《关于加快推进海洋经济发展的若干意见》等系列政策，确定了发展海洋经济的总体目标、工作重点和实施步骤，提出了以实施“十大行动计划”为重点，同步推进海岛交通先行、海洋产业提升、海港物流推动、海洋能源利用等 10 项重点工作。

---

① 陈光曙:《象山五大工程治污攻坚》,《宁波时报》2014 年 4 月 2 日。

二是抓海洋经济发展，提升保障能力。出台鼓励海洋经济发展的配套政策，并设立专项资金，计划从2010年到2015年每年投入4.5亿元，加大对港口物流、沿海产业带等建设的推进力度，促进产业转型升级。同时，全面推进港口基础配套设施建设。目前已编制完成全县岸线利用规划和大麦屿港区控制性详规。华能10万吨级码头、大麦屿5万吨级多用途码头等一批码头建成投用，大麦屿港区正式对外开放；对台客运直航定期航班，累计进出港旅客10余万人次。2013年上半年，港口货物吞吐量达1344万吨，其中集装箱27250标箱。

三是抓海洋资源利用，推动创新转型，提升海洋科技能力。形成海洋生物科技、远洋捕捞、近海养殖、水产品精深加工等海洋产业，建成制水能力3.5万吨/天的华能玉环电厂海水淡化工程；开工建设总投资5.2亿元、装机容量4.95万千瓦的大麦屿风电场；与中国华电集团签订合作协议，计划投资80亿元建设总装机容量40万千瓦的海上风电项目。科学利用海洋空间。斥资1700万元，由中国规划院专家团队牵头规划设计占地5.6万亩的漩门二期城市方案，目前，漩门二期控制性详规初稿已编制完成。

四是抓海洋文化建设，展现海岛魅力。将台州港大麦屿港区至台湾基隆港的"台台海上直航"发展成为"浙台海上客运走廊"。2010年6月，"台湾·浙江经贸文化合作交流活动"在台北举行，会上台州港作为浙江省唯一的港口与台湾基隆港签署了两港合作备忘录。在此基础上，将大麦屿港区建设成为浙江对台"海上门户"，积极开展经贸合作和交流，真正实现"两岸海上丝绸之路"。同时，大力推进海洋文化工程建设，投资5000万元建设桃花岭文化广场。"十二五"期间，玉环投资6亿多元，加快建设海洋主题公园等10个海岛重点文化项目，全力促进海洋文化的发展繁荣。①

---

① 台州市发改委:《台州五手抓海洋经济，打造全国首批国家级海洋生态文明建设示范区》，http://www.zjdpc.gov.cn。

### (三)洞头县国家级海洋生态文明示范区

温州洞头在地理上属于一个典型的群岛县,具备发展海岛旅游的先天条件。洞头毗邻人口近1000万的温州市,有着广阔的客源市场潜力。对于全国14个海岛县(区)之一的洞头来说,发展自身的海岛旅游经济一定也绕不开"生态文明"几个字。洞头位于浙南沿海、瓯江口外,县域总面积约2700.3平方千米,其中海域面积2600平方千米。拥有大小岛屿168个,其中有居民海岛14个,无居民海岛154个,素称"百岛之县"。当代台湾著名诗人余光中先生游览洞头后,以"洞天福地、从此开头"诠释百岛洞头。清代诗人王步霄游览洞头后,写下诗句赞叹:"海外桃源别有天,此间小住亦神仙。"洞头有石奇、滩佳、礁美、洞幽、岛多、鱼丰之特色。

洞头具有丰富的海洋资源,这在某种程度上可以为旅游活动提供资源条件。在"渔"方面,洞头是全国十大渔业重点县之一,洞头渔场是浙江重要渔场,渔场面积达4800多平方千米,目前正逐步形成以羊栖菜、紫菜、网箱养殖为特色的养殖基地,是全国最大的羊栖菜生产加工出口基地。在"涂"方面,10米等深线以内浅海面积近17500公顷,潮间带滩涂面积6700多公顷,具备较大的浅海滩涂养殖潜力。在"港"方面,有良港岸线30余千米,其中深水岸线约15千米,本岛南面有靠近远洋航线的温州最大天然锚地,洞头港是温州建设国际大港的主要承载地。

凭借良好的生态环境,洞头近年来先后入选国家级海洋生态文明建设示范区、国家级海洋公园、全国生态文明建设试点区和首批国家级生态保护与建设示范区。为建立科学管海的长效联动机制,洞头先后完成了国家级海洋生态文明示范区建设规划和3年行动方案、海洋功能区划、海域利用和海岛保护等规划的编制工作。

2014年6月,洞头根据《洞头县国家级海洋生态文明示范区建设规划》,制定了《洞头县国家级海洋生态文明示范区建设三年行动方案》。方案切实地贯彻落实党的十八大提出的"五位一体"关于生态文明建设的总体部署，紧紧抓住浙江海洋经济发展示范区建设重大机遇，立足洞头，全面建设国际性旅游休闲岛的战略构想，以海洋生态文化道德建设为先导，以海洋生态产业建设为核心，以海洋生态环境建设为基础，以海洋生态制度文明建设为保障，推动形成节约集约利用海洋资源和有效保护海洋生态环境的产业结构、发展方式和消费模式，将洞头打造成"海洋经济、海洋生态、海洋文化"协调可持续发展的海洋生态文明示范区。

2014 年 12 月，全国首个国家级海洋公园总体规划《洞头国家级海洋公园总体规划(2014—2025)》通过国家海洋局专家评审，洞头海洋生态文明建设迎来新的历史时期。同样在 2014 年，洞头开始对辖区海域生态环境基础状况开展全面调查和分析，将海洋生态红线理念应用于海域管理，共划定海洋生态红线区 635.7 平方千米，占管辖海域总面积 23.5%，并依据生态特点和管理需要，分区分类制定红线管控措施。同时，加强海洋生态文明建设规划与土地利用总体规划、城乡建设规划的"七融合"，努力推动"一张图"规划、"一盘棋"实施，确保生态文明建设真正落地实施。

洞头国家级海洋生态文明示范区建设的具体目标是到 2016 年，全县地区生产总值达到 76 亿元，其中，海洋生产总值 45 亿元，年均递增 14%以上。海洋三次产业结构进一步优化，调整为 3.4∶37.1∶59.5。人民生活水平和品质逐步提高，城镇居民人均可支配收入达到 37300 元，渔农村居民人均可支配收入达 18100 元。港口吞吐量 1100 万吨，临港工业总产值 62 亿，滨海旅游总收入 20 亿；力争成为浙南沿海重要的港口物流枢纽、临港产业基地和滨海旅游休闲基地；海洋产业增加值占地区生产总值比重 59%。海洋科技创新能力明显增强，海洋新兴产业增加值占海洋生产总值比重达 35%，海洋科技投入占地区海洋产业增加值的比重为 3%。海岛单位面积地区生产总值贡献率达 0.45 亿元/$km^2$，围填海利用率达 100%，开放式养殖面积占养殖用海面积比重达 97%，近海渔业捕捞强度和违法用海(用岛)案件均实现零增长。近岸海域一、二类海水水质比例及清洁海域面积达到 85%，一、二类沉积物质量站位比重保持90%以上，城镇污水处理率与工业污水直排口达标排放率分别为90%和94%，污染物入海排放得到有效控制。海洋保护区面积占管辖海域面积比率13.83%，区域海岸线或近岸海域修复投资3000万元。海洋文化建设不断加强，海洋文化保护有效推进，倡导绿色消费文化，推行绿色、低碳、文明生活方式，基本形成海洋生态优先的决策方式、海洋资源能源节约的生产方式、健康文明的生活方式。推进海洋生态文明建设的政策法规体系进一步完善，有效实施示范区生态文明建设考核评价机制，优化要素配置机制，建立完善生态文明建设的部门协调机制和环保区域协调机制。①

此外，浙江在创建海洋生态文明建设示范区仍存在问题。一是区域经济结构亟待转型升级。浙江经济的主力军是中小微企业。这些企业的优势是灵活，转型快。缺点也很明显：规模小，资金少，很难集中力量办大事。与海洋经济规模大，门槛高，技术新的要求相比，区域经济结构亟待转型。二是科学利用海洋资源能力亟待提高。浙江有得天独厚的海洋资源优势，但是如何把自然资源优势有效转化为经济社会的发展优势。比如，能源的匮乏是浙江经济的先天缺陷。但是发展海洋新能源方面，浙江有地域优势，风能、潮汐能、波浪能等蕴藏量均居全国前列。可以说开发海洋能是浙江解决能源问题的一条新路。然而海洋能布局如何与海洋生物制药、港口机械、航运运输等海洋新兴产业相协调，这对科学规划海洋资源开发能力提出了很高要求。三是陆源污染物防治亟待提升。陆源污染防治成果还不稳固，陆域点源、面源污染中总氮、总磷等污染物未得到有效削减。根据2012年相关资料，浙江省入海河流和直排口进入海洋的各类污染物入海量大约为化学需氧量205.58万t、营养盐6.5万t、石油类3100 t。同时，长江污染物输入量巨大，长江口对浙江沿海尤其是中北部海域的贡献率达

① 《洞头县国家级海洋生态文明示范区建设三年行动方案》，洞政办发〔2014〕65号。

到了 82%～90%。导致海洋氮、磷污染问题凸现，此外，陆域、海域排污标准和政策措施衔接不到位，成为影响近岸海域海水质量的主要因子，对近岸海域生态环境构成严重威胁。

## 第三节　浙江海洋生态环境保护制度的发展与实施

制度建设是事关全局与长远目标的工作，海洋生态文明建设必须依靠制度体系整体全面推进。党的十八届三中全会提出，要“加快生态文明制度建设”，“建立系统完整的生态文明制度体系”。从理论到制度，从倡导到落实，构建科学的制度体系已经成为深入推进生态文明建设的首要任务。党的十八届三中全会提出的生态文明制度体系并不是一两项制度，而是一系列相互关联、相互配合的制度、机制及支撑体系的总和。这一制度体系要求系统完备、科学规范、严格有效，既要体现改革创新的精神，又要经过深入的理论研究，还能有效地贴近现实。

### 一、浙江海洋生态环境保护制度的发展

2010 年 6 月，《中共浙江省委关于推进生态文明建设的决定》颁布实施，浙江省海洋生态文明建设加快发展，初步建立以海洋资源环境承载力为基础，以自然规律为准则，以可持续发展为目标的海洋开发、利用、保护等理念和活动方式，实现人与海洋和谐相处。

为深入推进生态文明建设，保障群众健康和生态环境安全，促进全省经济社会持续健康发展，浙江省人民政府办公厅于 2011 年 1 月发布《关于加快构建环境安全保障体系的意见》。浙江省将着力构建环境监测监控保障、环保基础设施工程、生态保护和修复工程、环境执法与应急保障、环境信息保障、环境科技支撑等六大体系。省政府要求各级政府、有关部门高度重视环境安全保障体系建设，并将环境安全保障工作纳入目标责任考核内容。

2011 年 12 月，浙江省发改委、浙江省海洋与渔业局发布《浙江省海洋事业发展“十二五”规划》。该文件中的海洋事业“是指为保

障海洋资源可持续利用、维护海洋生态系统平衡和促进海洋经济稳定发展，而进行的海洋综合管理与公共服务活动，涵盖海洋资源、环境、生态、文化和安全等方面”。全省海洋事业发展将遵循可持续发展的基本原则，按照国家生态文明建设要求，深入实施海洋功能区划、海洋环境等各类涉海区划和规划，强化以生态系统为基础的海洋区域管理，规范海洋资源利用秩序，创新资源节约和环境友好发展模式，加大海洋生态文明建设和环境保护力度，确保海洋资源开发利用与资源环境承载力相适应，实现海洋可持续发展；建立基本覆盖浙江海域的典型生态系统、海洋功能区、污染源及生态灾害多发区的生态环境监控与预警体系，海洋环境保护与生态修复技术得到广泛应用，典型海域生态系统的生态健康指数逐步提高。

2011年5月，最新的《宁波海洋经济发展规划》公布，这意味着宁波“蓝色引擎”的启动。宁波的目标定位升格为国家级核心示范区，战略定位为浙江海洋经济发展引领区，上海国际航运中心的主要组成部分，我国重要的新型临港产业基地、海洋科教研发基地及我国海洋生态文明建设先行区。嘉兴也出台了《浙江海洋经济发展示范区规划嘉兴市沿海县(市)实施方案》等旨在加决推动海洋经济新发展的文件。

浙江地方政府与高校在推动海洋经济发展方面的合作互动机制已经开始运作。《浙江省海洋事业发展“十二五”规划》明确指出，以在浙科研机构和海洋相关院校为依托，以海洋教育强省为目标，加快发展相关涉海院校，繁荣浙江海洋教育事业。其中一项重要举措就是加快发展涉海院校。鼓励浙江海洋院校特色化发展，支持浙江海洋学院创建大学，支持浙江大学、浙江工业大学、浙江财经学院、宁波大学等在浙高校海洋教育队伍的发展壮大。加强涉海专业建设，建立完善的海洋专业教育体系。积极推进合作办学，根据院校和专业的自身特色，加强与全国优秀海洋院校、科研院所及政府机关、企事业单位合作办学，提高涉海专业教育实力。2009年5月6日，浙江大学和舟山市签署了合作共建摘箬山科技示范岛的协议。创办科技示范岛的模式是全国首创，它完整实现了科研项目就地研发、试验和应用的一体化，对中国海洋关键技术的研发，对海洋经济发展具有强有力的推动作用和深远的示范意义。同时，双方还签署了《舟山市与浙江大学合作共建“海上浙江”示范基地协议》《舟山市人民政府—浙江大学科技合作协议》等一系列协议，“海洋科学与工程学系”“浙江大学—舟山海洋研究中心”同时揭牌。2010 年 2 月成立浙江大学舟山海洋研究中心。该中心是浙大与舟山市合作的重要平台，致力于双方海洋经济社会发展战略决策、海洋产业人才培育、海洋主导产业关键共性技术开发及成果转化、海洋科技文化培育与提升等方面的深入合作。2011 年 1 月 24 日，浙江大学舟山海洋研究中心“浙江省博士后科研工作站”在舟山揭牌。2011 年 3 月 30 日，舟山摘箬山科技示范岛建设工程开工典礼暨浙江大学外海实试基地科研大楼奠基仪式在摘箬山岛举行。浙大集聚了一大批海洋科技的研发人才，能够在船舶工程、关键技术研发、生态保护等 8 大领域进行深入研究，为浙江海洋经济的进一步发展做出贡献。为加强宁波大学涉海学科建设和科技创新平台建设，进一步提高学校高海洋人才培养能力，促进区域海洋经济发展，2011 年 11 月 11 日，国家海洋局、宁波市政府签署了《国家海洋局、宁波市人民政府共建宁波大学的框架协议》，同时，宁波大学海洋学院揭牌。此次协议的签署对于国家海洋局、宁波市政府共同推进宁波大学涉海学科建设及科技创新平台建设，促使其进一步提高海洋人才培养能力，为实施国家海洋战略、促进区域海洋经济发展做出更大贡献，具有重要意义。

2015 年 4 月，出台《中共中央国务院关于加快推进生态文明建设的意见》，提出要坚持以人为本、依法推进，坚持节约资源和保护环境的基本国策，把生态文明建设放在突出的战略位置，融入经济建设、政治建设、文化建设、社会建设各方面和全过程，协同推进新型工业化、信息化、城镇化、农业现代化和绿色化，以健全生态文明制度体系为重点，优化国土空间开发格局，全面促进资源节约利用，加大自然生态系统和环境保护力度，大力推进绿色发展、循环发展、低碳发展，弘扬生态文化，倡导绿色生活，加快建设美丽中国，使蓝天常在、青山常在、绿水常在，实现中华民族永续发展。

2015年9月，中共中央国务院印发《生态文明体制改革总体方案》，提出要树立发展和保护相统一的理念，树立“绿水青山就是金山银山”的理念，树立自然价值和自然资本的理念，树立空间均衡的理念，树立“山水林田湖是一个生命共同体”的理念，坚持正确改革方向，健全市场机制，更好发挥政府的主导和监管作用，发挥企业的积极性和自我约束作用，发挥社会组织和公众的参与和监督作用；坚持自然资源资产的公有性质，创新产权制度，落实所有权，区分自然资源资产所有者权利和管理者权力，合理划分中央地方事权和监管职责，保障全体人民分享全民所有自然资源资产收益；坚持城乡环境治理体系统一，继续加强城市环境保护和工业污染防治，加大生态环境保护工作对农村地区的覆盖，建立健全农村环境治理体制机制，加大对农村污染防治设施建设和资金投入力度；坚持激励和约束并举，既要形成支持绿色发展、循环发展、低碳发展的利益导向机制，又要坚持源头严防、过程严管、损害严惩、责任追究，形成对各类市场主体的有效约束，逐步实现市场化、法治化、制度化。坚持主动作为和国际合作相结合，加强生态环境保护，应成为我们的自觉行为，同时要深化国际交流和务实合作，充分借鉴国际上的先进技术和体制机制建设有益经验，积极参与全球环境治理，承担并履行好同发展中大国相适应的国际责任；坚持鼓励试点先行和整体协调推进相结合，在党中央、国务院统一部署下，先易后难、分步推进，成熟一项推出一项。支持各地区根据本方案确定的基本方向，因地制宜，大胆探索，大胆试验。到2020年，构建起由自然资源资产产权制度、国土空间开发保护制度、空间规划体系、资源总量管理和全面节约制度、资源有偿使用和生态补偿制度、环境治理体系、环境治理和生态保护市场体系、生态文明绩效评价考核和责任追究制度等八项制度构成的产权清晰、多元参与、激励约束并重、系统完整的生态文明制度体系，推进生态文明领域国家治理体系和治理能力现代化，努力走向社会主义生态文明新时代。

## 二、浙江海洋生态环境保护制度的实施

### (一)海洋生态保护与修复

1.海洋渔业资源

浙江省率先在全国开展“渔场修复振兴”暨“一打三整治”专项行动,计划通过三年时间,减转海洋捕捞渔船功率指标100万千瓦,新建3个海洋保护区、10个产卵保护区、9个海洋牧场,增殖放流各类渔业苗种100亿尾(粒),单位渔获量(每千瓦功率年捕捞量)水平比2012年提升50%,实现压减捕捞产能,修复海洋生态。2014年累计取缔涉渔“三无”船舶8860艘,整治“船证不符”渔船3897艘,清理海洋禁用及违规渔具70735项,投入放流资金3883.82万元,放流大黄鱼、曼氏无针乌贼、黑鲷、中国对虾、日本对虾及贝类等海洋水生生物苗种20.3亿尾(粒),力促东海渔业资源和生态环境的修复。

2.海洋生态系统

浙江省积极开展海洋保护区选拔与建设,保护、修复海洋生态系统。2014年,温州新建一市级海洋公园——温州龙湾海洋公园,嵊泗马鞍列岛国家级海洋特别保护区加挂国家级海洋公园牌子。通过各级的共同努力,浙江省海洋保护区数量达到14个,面积扩大至27万公顷,占浙江省管辖海域6.4%,基本覆盖了浙江省典型的岛礁、河口、港湾、滨海湿地等海洋生态系统类型。南麂列岛、韭山列岛国家级海洋自然保护区和温州洞头国家级海洋公园总体规划分别得到国家海洋局批复,明确了阶段性保护目标和建设任务。

### (二)海洋生态文明探索与实践

1.生态文明制度

温州市率先在浙江省探索建立海洋生态红线制度,出台了《温州市海洋生态红线划定方案(2014—2012)》,对市管辖海域的重要海洋生态功能区、生态敏感区和生态脆弱区实施重点管控,全市划

定海洋红线区总面积约276995.84公顷，红线区50个，其中禁止开发区10个，禁止实施各种与保护无关的工程建设活动，限制开发区40个，严控开发强度，实施严格的限批政策。宁波市率先在全省开展重要海域入海污染物总量控制制度试点，经宁波市政府同意，由象山港统筹办对象山港5个市（县、区）政府下达污染物入海减排目标任务，重点对主要入海河流（水闸）、污水排放口化学需氧量、总氮、总磷等污染物排放进行减排考核，监督市（县、区）政府落实海洋环境保护责任。

2.生态文明实践

象山、玉环和洞头成功获批首批国家海洋生态文明建设示范区后，完成了海洋生态文明示范区总体方案的编制工作。根据"自愿申报、择优遴选、突出特色、统筹考虑"的原则，洞头在实施好海洋生态文明示范区总体方案的基础上，组织编制了《洞头县国家级生态保护与建设示范区建设方案》，积极申报国家生态保护与建设示范区。

### （三）海洋污染防治

1.陆源污染防控

2008年9月浙江省颁布了《浙江省水污染防治条例》，并于2013年12月进行修正。2013年4月，浙江省污水排放标准规定了工业企业废水氮、磷污染物间接排放限值、监测和监控要求，以及标准的实施与监督等相关规定。2014年，浙江省认真实施《浙江省近岸海域污染防治规划》，出台了杭州湾等6个重点区域的综合整治规划（方案），7个沿海市（县、区）制定了相应实施方案，落实整治任务。浙江省委十三届四次全会提出，要以治污水、防洪水、排涝水、保供水、抓节水为突破口倒逼转型升级。"五水共治"，吹响了浙江大规模治水行动的新号角，是浙江省委、省政府贯彻落实党的十八大、十八届三中全会精神，推进新一轮改革发展，再创浙江发展新优势，建设美丽浙江、创造美好生活而做出的重大战略决策。按照全省的目标，到2017年，力争累计淘汰改造水污染落后产能企业5000家以上。每年工业治水技术改造投资700亿元以上，每年实施清洁生产审核企业700家以上。

2. 船源污染防控

浙江海事辖区是全国船舶污染风险最高的区域。一旦发生重特大海上污染事故，将会造成对当地航运、渔业、临港工业、旅游、海洋环境甚至国际政治关系的严重损害。在现有的《环境保护基本法》《海洋环境保护法》《防治船舶污染海域管理条例》《海洋石油勘探开发环境保护管理条例》《海洋倾废管理条例》《防止拆船污染环境管理条例》《关于船舶拆解监督管理暂行办法》等制度基础上，结合浙江海事管理的具体实际，2002年9月浙江省制定了《浙江省渔港渔业船舶管理条例》，并于2009年11月27日、2014年12月24日对该条例进行了修正；同时，浙江省颁布了的制度，如《浙江省沿海船舶边防治安管理规定》《浙江省人民政府办公厅关于加强渔船安全管理促进渔业安全生产的意见》《浙江省海洋与渔业局关于加快进程做好全省"船证不符"渔船治理工作的通知》《浙江省高耗能国内海洋捕捞渔船淘汰更新补偿办法（试行）》《浙江省老旧渔业船舶检验管理办法》《浙江省海洋与渔业局关于对违法违规渔船扣减渔业油价补助实行通报制度的通知》等规范性文件，也进一步规范了船舶的管理。同时，为有效压减严重过剩的海洋捕捞强度，保护海洋生态环境，修复振兴浙江渔场，浙江省决定从2014年开始，用三年左右时间，开展渔场"一打三整治"专项执法行动。所谓"一打三整治"是指，依法打击涉渔"三无"船舶（指用于渔业生产经营活动，无船名号、无船籍港、无船舶证书的船舶）和违反伏休规定等违法生产经营行为，全面开展渔船"船证不符"（指船舶实际主尺度、主机功率等与相应证书记载内容不一致）整治、禁用渔具整治和污染海洋环境行为整治行动。

3. 填海工程污染防控

在《中华人民共和国海域使用管理法》实施以前的经济发展高峰期，海洋对于浙江而言，不再是自然景观和渔业生产空间，更多被看作是一种可开发的资源宝库，因此，海洋产业快速发展。但因机构设置，海域使用管理较为混乱，该时期的围填海造地虽然对经济建设、城市发展贡献大，却是以牺牲海洋生态环境作为代价。自2002年1月1日《中华人民共和国海域使用管理法》实施起，海域使用管理进入了新的时期，海域使用管理日渐完善。2007年，浙江省颁布了《浙江省海洋工程建设项目环境影响评价核准管理办法(试行)》，该办法是对海洋工程实施后可能造成的海洋环境影响进行分析、预测和评估，提出预防或者减轻不良影响的对策和措施并实施跟踪监测等的方法与制度。2012年，为了加强海域使用管理，促进海域的合理开发和可持续利用，维护国家海域所有权和海域使用权拥有者的合法权益，浙江省颁布了《浙江省海域使用管理条例》。2013年，为了进一步加强海域使用管理，规范海域使用权申请审批程序，根据《中华人民共和国海域使用管理法》《浙江省海域使用管理条例》《海域使用权管理规定》《围填海计划管理办法》等有关规定，浙江省制定了《浙江省海域使用权申请审批管理暂行办法》。2014年，浙江省从源头上减少污染物排放，严把涉海项目环保准入关，全省核准海洋工程环评报告书48项，完成9个围填海工程建设环保设施竣工验收，核定生态补偿金约1580万元。进一步缩短项目审批时限，办理期限由60个工作日缩短至20个工作日。

4.海水养殖污染防控

2006年，浙江省为加快推进“百万亩生态型水产养殖塘标准化建设工程”，规范水产养殖塘标准化示范建设项目和资金管理，浙江省制定了《浙江省百万亩生态型水产养殖塘标准化示范建设项目和资金管理办法》。2007年1月，为加强水域、滩涂水产养殖管理，保障养殖生产者合法权益，规范养殖证管理，浙江省颁布实施了《浙江省水域滩涂养殖证管理办法(试行)》。2014年7月，中共浙江省委、浙江省人民政府《于修复振兴浙江渔场的若干意见》颁布之后，浙江省所辖地方各市都相应制定了实施办法，对严格控制沿海水产养殖污染制定了相应的措施，提出要对沿海主要水产养殖区域进行养殖容量调查，确定适宜的海水网箱投放数量，从源头上减少水产养殖污染，严格控制以冰冻海水小杂鱼作为饵料的养殖方式，逐步实现海水养殖全面使用绿色人工配合饲料。

5.海洋环境监测

2012年，浙江省初步建成“浙海网”数据交换中心（包括专线网络和硬件平台），推进2012年有关共享数据交换通过专网进行，编制了《浙江省涉海环境监测观测网络运行制度（征求意见稿）》，为下一步数据共享建立常态化机制和完善数据交换平台奠定了良好的基础。2014年，浙江省率先实行海洋环境监测属地负责制，首次实现逐季开展全海域海水质量监测，全省海洋环境监测水质站位较2013年增幅达150%以上，新增监测指标10余项。实施了海洋环境季度通报，以省海洋与渔业局简报（浙江海洋环境专刊）为载体，通报每季度全省海洋环境水质情况。

6.海洋环境监管力建设

2012年浙江省重点加强了浮标在线监测系统建设，建设内容包括5个海上自动监测浮标系统、5个数字化监控平台、2个岸基视频系统以及温州南麂海滨浮标数据接收系统改造和备份传感器配置等。此外浙江省编制了《浙江省海洋应急能力建设实施方案》，对“十二五”期间浙江省海洋环境应急监测能力建设提出具体的工作目标、任务及时间表。同时，浙江海事局继续加强海洋污染防治工作，进一步完善应急管理体系，统筹政府、社会专业及社会辅助等能力投入，采取多项措施推进辖区船舶污染应急体系建设。近年来，全辖区污染事故件数逐年递减，2012年辖区船舶污染事故为零。主要采取了以下措施：一是通过船舶油污水、化学品洗舱水、生活污水和垃圾接收单位管理和作业监管，进一步规范船舶污染物接收处置行为，全省46家船舶污染物接受作业单位全部实现了备案纳规管理，并对其中36家进行了信用分级监管。二是加强港口应急设备配备，提高企业应急能力建设。三是加强修造船作业管理，实施定点拆解，集中规范处置污染物。

## 三、浙江海洋生态文明制度建设的未来展望

《浙江海洋经济发展示范区规划》规定的基本原则之一是：“生

态优先，持续发展。注重保护和开发并举，坚持海洋经济发展与海洋生态环境保护相统一，海洋资源开发利用与资源环境承载力相适应，把海洋生态文明建设放到突出位置，促进人与自然和谐，实现海洋经济可持续发展。”到2015年的主要发展目标之一是“海洋生态环境明显改善”，海洋生态环境、灾害监测监视与预警预报体系健全，陆源污染物入海排放得到有效控制，典型海洋和海岛生态系统获得有效保护和修复，基本建成陆海联动、跨区共保的生态环保管理体系，形成良性循环的海洋生态系统。同时规定“科学利用海洋资源，加强陆海污染综合防治和海洋环境保护，推进海洋生态文明建设，切实提高海洋经济可持续发展能力”，“创新海洋综合管理体制，健全法规体系，完善执法体制，加强审批管理”。

浙江省在海洋经济强省建设工作中，将逐步理顺海洋管理体制，加强海洋综合管理，严格依法管理海洋。全面实施海洋功能区划、海域使用权属和海域有偿使用制度，完善海洋经济统计制度，强化海上联合执法管理，确保海洋法律法规的贯彻实施。加强海洋生态环境保护，全面实施海洋生态环境建设与保护规划，建立和完善海洋自然保护区和海洋特别保护区，以促进海洋经济的可持续发展。浙江省将尝试海域使用权及流转改革，探索完善岸线有偿使用制度，开展农业用海转为建设用海等改革试点，提高海洋资源集约节约利用。随着浙江对海洋环境资源开发利用的进一步加速，可能导致海洋环境尤其是海岸带环境持续恶化。因此，浙江海洋经济发展与海洋生态环境保护政策与法律实现有机对接将具有非常重大的现实意义。

### （一）完善涉海法规与海洋经济发展的政策对接

根据《全国海洋功能区划（2011—2020年）》及浙江海洋经济示范区和舟山群岛新区两大国家战略，构建完整衔接的海洋经济法规体系框架。

### （二）健全海洋生态环境保护的法规体系

健全的法规体系主要包括海洋资源开发利用的法规和海洋生

态环境保护的法规等两大体系。一是海洋资源开发利用的法规，具体包括《浙江省海域使用管理条例》《浙江省海岛、无居民海岛开发利用保护管理条例》《浙江省海岸带综合管理条例》《浙江省滩涂围垦管理条例》《浙江省海洋野生动物保护条例》《浙江省渔业捕捞管理条例》《浙江省渔业资源保护条例》《浙江省海洋生物多样性保护条例》《浙江省海上油气开发/海底矿产资源开发管理条例》等。二是海洋生态环境保护的法规，具体包括《浙江省海洋环境保护条例》、《浙江省海洋自然保护区管理条例》(《浙江省海洋自然保护区和海洋特别保护区建设和管理条例》)、《浙江省南麂列岛国家级海洋自然保护区管理条例》、《浙江省海洋河口与排污口管理条例》、《浙江省防治海岸工程建设项目污染损害海洋环境管理条例》等。此外，还包括其他法规，如《浙江省沿海地区防灾减灾条例》《浙江省海洋生态损害赔偿条例》《浙江省国家级海洋生态文明示范区建设和管理条例》《浙江省海洋行政处罚条例》等。

### (三)进一步修订现行涉海法规

现行涉海法规的修订需充分体现海洋经济发展的时代理念，尤其是要真正体现"生态优先，持续发展"的基本原则。一方面，在海洋资源开发利用领域，修订《浙江省海域使用管理办法》，并使之升格为《浙江省海域使用管理条例》，确立为浙江省海域资源开发利用和管理领域的基本法。修订《浙江省滩涂围垦管理条例》，增加围垦滩涂环境污染防治方面的内容。修订《浙江省渔业捕捞许可办法》，强化渔业资源的保护及可持续利用。另一方面，在海洋生态环境保护领域，修订《浙江省海洋环境保护条例》，规定海洋环境监督管理与保护责任机制、海水养殖、海洋排污、海洋倾废实时监控管理、排污总量控制与排污权交易、海洋综合信息系统、海岸和海洋工程污染防治、船舶污染防治；确立终止海域使用权处罚制度，弱化限期治理处罚，以及海洋环境治理等；修订《浙江省渔山列岛海洋生态特别保护区管理条例》《浙江省南麂列岛国家级海洋自然保护区管理条例》等；加强海洋生态环境保护；等等。

### （四）进一步制定涉海新法规

尽快梳理浙江省现行的涉海法规，发掘立法空白，提出立法规划建议启动地方立法程序。一是制定《浙江省沿海地区防灾减灾条例》，规定海啸、风暴潮、海浪等灾害信息管理、发布、海洋灾害预防和应急预案、事故处理职能机构、处理程序等。二是制定《浙江省海洋生态损害赔偿条例》。为认真贯彻实施浙江省海洋经济发展示范区及舟山群岛新区发展战略规划，加强海洋环境保护、整治，恢复海洋生态，促进海洋经济可持续发展，根据《中华人民共和国民法通则》《中华人民共和国海洋环境保护法》《中华人民共和国渔业法》等法律法规，浙江省结合实际制定了此条例。该条例规定，在浙江省管辖海域内，发生海洋污染事故、违法开发利用海洋资源等行为导致海洋生态损害的，以及实施海洋工程、海岸工程建设和海洋倾废等导致海洋生态环境改变的，应当由污染损害者对海洋生态损害进行赔偿。该条例还规定了生态损害评估和认定机构、损害评估和认定标准、生态损害索赔机构与程序、损害赔偿标准和范围等。三是制定《浙江省海洋自然保护区管理条例》（或《浙江省海洋自然保护区和海洋特别保护区建设和管理条例》），规定保护区设置、保护区内禁止活动与管理、保护措施与科研、法律责任；尽量设置重要水产种质资源、河口、海岸湿地保护区、生态海岛保护区万渔场保护区等，使近海海域海洋保护区达到一定比例。环境保护区由于限制开发，可能造成财政薄弱，产生承担公共服务和改善民生方面问题，因此要建立生态保护补偿机制，进行生态补偿转移支付，规定重点生态功能区补偿制度；探索补偿资金来源，初期由财政支持，逐渐建立一个政府、社会、企业等各方面参与的生态补偿机制；制定《浙江省海岛、无居民海岛开发利用保护管理条例》，规定海岛开发主体资格、开发方案审核与使用监管制度、海岛信息系统、海岛环境容量审核、能源开发利用、海岛排污等。四是制定《浙江省海上油气、海底矿产资源开发管理条例》，规定海上油气、海底矿产开发主体、申请审核主体、开采条件、申请文件、矿产开采方法、环境保护要求等。五是制定《浙江省国家级海洋生态文明示范区建设和管理条例》,推进海洋生态文明建设对于促进海洋经济发展方式转变,提高海洋资源开发、综合管理的管控能力和应对气候变化的适应能力,强化海洋生态保护及维护海洋生态安全等。该制度应明确规定了国家级海洋生态文明示范区的评价标准、申请和批准程序、建设周期、考核标准和程序等。六是制定《浙江省国家级清洁能源示范区建设和管理条例》,加快发展清洁能源,优化能源结构,创建清洁能源示范区。七是制定《浙江省海洋河口与排污口管理条例》《浙江省防治海岸工程建设项目污染损害海洋环境管理条例》。八是制定《浙江省海洋行政处罚条例》,规定了管辖、程序、送达、执行、公告、处罚与用海资格终止海域使用权收回等。九是进一步加强船源污染预防和应急反应的制度建设、填海工程防污染相关制度建设以及海水养殖防污染相关制度建设。①

综上,要构建系统完备、科学有效的海洋生态文明建设制度体系,大力加强海洋生态文明制度和法制建设,为海洋生态文明与强国建设提供多点支撑。一要完善统计评价体系。要建立体现生态文明要求的目标体系、考核办法、奖惩机制。要研究海洋经济绿色发展度、生态文明指数等,建立体现生态文明要求的目标体系,完善统计指标,把资源消耗、环境损害、生态效益纳入经济社会发展评价体系。强化领导干部的生态文明意识,根据经济区主体功能定位探索设立不同的考核目标,增加生态文明相关指标权重,逐步完善干部考核任用制度。二要建立生态文明建设人才支撑体系。要加快对海洋人才队伍建设的制度与机制的改革,正视建设海洋强国对各类人才的紧迫需求,加强高层次创新型领军人才培养,重点抓好海洋科技创新人才、海洋生态产业的基础研究人才和管理人才的培养。加快海洋高等教育和职业技术教育发展,壮大海洋

---

① 蔡先风:《浙江海洋经济发展与海洋生态安全保护:重大挑战及政策和制度对接》,《舟山法学》2013 年第 2 期。

人才队伍，优化海洋人才结构，推动生态文明建设。在人才教育中加大海洋生态和文化的教育。三要建立良好的制度、政策、法制体系。用足用好国家政策，充分挖掘现有政策潜力，不断完善政策体系。在金融投资、财政补贴等方面加大对海洋生态建设的支持力度。深化资源性产品价格改革，健全资源补偿和交易制度，加强环境监管，完善信息公开与公众参与制度，健全最严格的环境执法体系，抓紧制定完善国土空间开发保护制度、海域保护制度、水资源管理制度、环境保护制度、资源有偿使用制度、生态补偿制度、生态环境保护责任追究制度、环境损害赔偿制度等。法制方面，要实行海洋环境污染治罪制度。要加快推动海洋与陆地一体发展的立法工作，处理好相关法律法规之间的衔接与协调。四要激活海洋生态文明建设的动力机制。建立和完善生态文明制度体系，要坚持把改革创新和科技创新作为根本动力，形成生态文明建设长效机制。要推动海洋生态建设，从制约因素看，当务之急是要加快我国的体制改革，强化海洋综合管理的力度和强度。五是强化国际协同合作制度建设。要采取措施积极拓展海洋国际合作与交流，借鉴生态建设的经验做好生态环境保护和治理。

以上制度建设和支撑条件的完善，可以提升海洋生态建设对中国海洋战略实施的支撑力和贡献度，让管理资源更好地支撑海洋开发与海洋经济发展，以推动生态文明与海洋强国建设。只要我们始终高举科学发展的旗帜，把生态文明建设的理念、原则与目标等深刻融入和全面贯穿到海洋开发工作的各方面和全过程，通过生态文明建设的实践，促进开发利用海洋的生产方式和生活方式的健康科学变革，我们就能够兼顾海陆，统筹陆海，共创海洋生态文明，共建美丽中国，共享中华民族海洋复兴、富民强国的美好未来。

# 参考文献


[1] 赵振良,等. 河北省海洋渔业资源调查报告[J]. 河北渔业,2006(3).

[2] 倪建平,张勇. 浙江省海洋渔业资源结构调整中的问题及对策[J]. 嘉兴学院学报,2001(6).

[3] 严利平,等. 东海区海洋渔业资源近况浅析[J]. 浙江海洋学院学报(自然科学版),2005(4).

[4] 赵振良,等. 河北省近岸海洋渔业资源现状与分析[J]. 齐鲁渔业,2008(5).

[5] 张锦国,陈安. 海洋渔业资源保护问题的思考[J]. 中国渔业经济,2014(2).

[6] 李岚. 国外典型案例对横琴新区海洋生态文明示范区建设的启示[J]. 科技创新与应用,2014(7).

[7] 陈荣. 关于《浙江省渔港渔业船舶管理条例》和《浙江省渔业管理条例》修改情况的说明[J]. 常委会会刊,2015(1).

[8] 福建生态文明示范区建设向纵深推进[N]. 光明日报,2014-10-30.

[9] 浙江鼓励渔民减船转产 加大违规捕捞打击力度[N]. 中国渔业报,2014-12-29.

[10] 以制度保障海洋生态文明——2013 年以来海洋生态文明制度建设综述[N]. 中国海洋报,2014-03-05.

[11] 唐峰华,等. 象山港海洋牧场示范区渔业资源的时空分布[J]. 浙江大学学报(理学版),2012(6).

[12] 李铁军,等. 象山港附近海域渔业资源特征[J]. 浙江海洋学院学报(自然科学版),2013(3).

[13] 李陆嫔，黄硕琳. 我国渔业资源增殖放流管理的分析研究[J]. 上海海洋大学学报，2011(5).

[14] 高延鹏. 探索海洋生态文明示范区建设的新途径——评刘勇教授等新著《山东半岛蓝色经济区建设的关键问题研究》[J]. 潍坊学院学报，2015(1).

[15] 傅秀梅，等. 山东海洋渔业资源问题分析及其可持续发展策略[J]. 海洋湖沼通报，2007(1).

[16] 宁波市政府发展研究中心生态文明建设系列研究课题组. 宁波海洋生态环境建设的问题及对策[J]. 三江论坛，2014(3).

[17] 欧玲，等. 厦门海洋生态文明示范区建设评估与思考[J]. 海洋开发与管理，2014(1).

[18] 开启浙江渔场修复振兴新篇章[N]. 浙江日报，2015-06-19.

[19] 减船转产 修复振兴浙江渔场[N]. 中国渔业报，2013-09-30.

[20] 坚定不移推进浙江渔场修复振兴[N]. 浙江日报，2014-06-20.

[21] 宋飞彪，等. 舟山市渔业资源增殖放流现状与问题分析[J]. 农村经济与科技，2013(5).

[22] 陶蕾，王伟定. 舟山海域"十一五"渔业资源增殖放流现状对策分析[J]. 浙江海洋学院学报(自然科学版)，2011(5).

[23] 李娜. 舟山市海洋渔业资源管理研究[D]. 大连海事大学硕士学位论文，2014.

[24] 王丹，等. 中国海洋生态环境问题与可持续发展思路[J]. 大连海事大学学报(社会科学版)，2014(2).

[25] 浙江省人民代表大会常务委员会. 浙江省人民代表大会常务委员会关于修改《浙江省渔业管理条例》的决定[J]. 常委会会刊，2015(1).

[26] 傅金龙，张元和. 浙江省海洋生态环境存在的问题和对策研究[J]. 决策咨询通讯，2003(6).

[27] 稽哲. 温家宝在浙江考察时强调努力建设富有特色的海洋经济强省[J]. 今日浙江，2011(7).

[28] 王法良. 山东省海洋强省发展战略研究[D]. 中国政法大学硕

士学位论文,2009.
[29] 李洪彦.论建设海洋经济强省战略[J].中国渔业经济,2002(5).
[30] 刘修德.建设福建海洋强省的战略思考[J].沿海都市,2003(5).
[31] 王诗成.关于建设“海洋强省”的战略构想[J].中国海洋大学学报(社会科学版),2004(4).
[32] 力争到“十二五”末建成10～15个国家级海洋生态文明示范区[N].中国海洋报,2012-02-10.
[33] 秦诗立.变海洋经济“大省”为“强省”[J].今日浙江,2011(3).
[34] 傅金龙.从海洋资源大省迈向海洋经济强省[J].今日浙江,2010(2).
[35] 李永利.关于“海洋强省”的几点思考[J].海南人大,2013(2).
[36] 徐忠.水产品国际贸易[M].北京:中国农业出版社,2012.
[37] 谭柏平.海洋资源保护法律制度研究[M].北京:法律出版社,2008.
[38] 吕永龙,贺桂珍.现代环境管理学[M].北京:中国人民大学出版社,2009.
[39] 程伟礼,马庆,等.中国一号问题:当代中国当代中国生态文明问题研究[M].上海:学林出版社,2012.
[40] 徐祥民,高振会,等.海上溢油生态损害赔偿的法律与技术研究[M].北京:海洋出版社,2009.
[41] 丁四保,王昱.区域生态补偿的基础理论与实践问题研究[M].北京:科学出版社,2010.
[42] 田华,辛蕾.话说中国海洋生态保护[M].广东:广东经济出版社,2014.
[43] 黄晓琛.浙江省海域使用调查与研究[M].北京:海洋出版社,2012.
[44] 张海生.浙江省海洋环境资源基本现状(下册)[M].北京:海洋出版社,2013.

[45] 史晋川,王志凯.海洋经济发展报告——海洋经济与海洋强国建设国际国际研讨会文集[M].杭州:浙江大学出版社,2014.
[46] 陈新军.渔业资源与渔场学[M].北京:海洋出版社,2004.
[47] 丁四保.区域生态补偿的方式探讨[M].北京:科学出版社,2010.
[48] 赵淑江,吕宝强,等.海洋环境学[M].北京:海洋出版社,2011.
[49] 曹明德.环境与资源保护法(第二版)[M].北京:中国人民大学出版社,2013.
[50] 詹秉义.渔业资源评估[M].北京:中国农业出版社,1995.
[51] 辛仁臣,刘豪,等.海洋资源[M].北京:化学工业出版社,2013.
[52] 杨正勇.渔业资源与环境经济学[M].北京:中国农业出版社,2012.
[53] 韩德培,陈汉光.环境保护法教程 [M].第六版.北京:法律出版社,2012.
[54] 任淑华,唐洪森,等.海洋渔业可持续发展战略——以浙江为例[M].北京:海洋出版社,2011.
[55] 田其云,马英杰,等.海洋渔业资源恢复法律制度研究——兼论浙江海洋渔业资源恢复法制建设[M].北京:海洋出版社,2010.
[56] 白斌.明清以来浙江海洋渔业发展与政策变迁研究[M].北京:海洋出版社,2015.
[57] 李双建.主要沿海国家的海洋战略研究[M].北京:海洋出版社,2014.
[58] 关道明,阿东.海洋功能区划研究——《全国海洋功能区划(2011—2020 年)》研究总报告 [M].北京:海洋出版社,2013.
[59] 夏登文,徐伟,等.全国海洋功能区划实施评价[M].北京:海洋出版社,2013.
[60] 陈新军.渔业资源经济学[M].北京:中国农业出版社,2004.

[61] 岳冬冬,王鲁民. 基于碳平衡的海洋渔业产业结构评析[M]. 西安:西北农林科技大学出版社,2014.
[62] 王希军,张华,等. 我国沿海省市国家海洋战略比较研究[M]. 济南:山东人民出版社,2014.
[63] 陈述平,蔡春林,等. 渔业补贴研究[M]. 北京:对外经济贸易大学出版社,2010.
[64] 李娟. 中国特色社会主义生态文明建设研究[M]. 北京:经济科学出版社,2013.
[65] 郑贵斌,周德禄. 蓝色经济发展战略研究[M]. 济南:山东人民出版社,2014.
[66] 崔建远. 论争中的渔业权[M]. 北京:北京大学出版社,2012.

# 后　记

浙江拥有着得天独厚的海洋资源优势，浙江海洋经济发展潜力十分巨大，发展海洋经济成为浙江转变经济发展方式、实现社会经济可持续发展的战略选择。然而发展海洋经济离不开法治的支撑，海洋经济的发展体系需要依法构建，发展行为需要依法规范，发展秩序需要依法维护，海洋经济在发展中的法律风险和矛盾纠纷有赖于法律的有效防范和化解。因此当接到撰写《浙江海洋经济发展与海洋环境法治》一书的任务之时，我们备感兴奋，内心充满感激，并深知责任重大。

在本人博士生导师蔡先凤的指导和合作下，在浙江省社科联及学校和学院的组织筹划下，确定书稿选题、主要内容和写作大纲，经几次审核和修改完善，最终定稿。对浙江省社科联不遗余力的支持和付出，我们在此致以诚挚的谢意。此外，在本书的资料收集和写作过程中，得到了上海海事大学法学院徐国平教授的大力支持和帮助，在此一并表示感谢。

课题的完成离不开子课题成员的努力，宁波大学法学院的几位硕士研究生参与了数据收集和整理，其中张煜同学负责第四章和第五章，何启凡和金楚楚同学负责第二章。

课题完成的过程亦是学习的过程，本书仅是对学习的一个总结。感谢宁波大学沈满红校长对课题的大力支持！感谢宁波大学法学院院长张炳生教授对课题的指导和实际领导！

囿于时间和篇幅，囿于我们的水平和实践经验，本书难免存在着许多不足之处，敬请读者批评指正。

汪　丹

2015 年 12 月